巨眼透视手绘图集

超级建筑

[英] 乔恩·柯克伍德　著
[英] 亚历克斯·庞　绘
白泽　译

四川科学技术出版社

目　　录

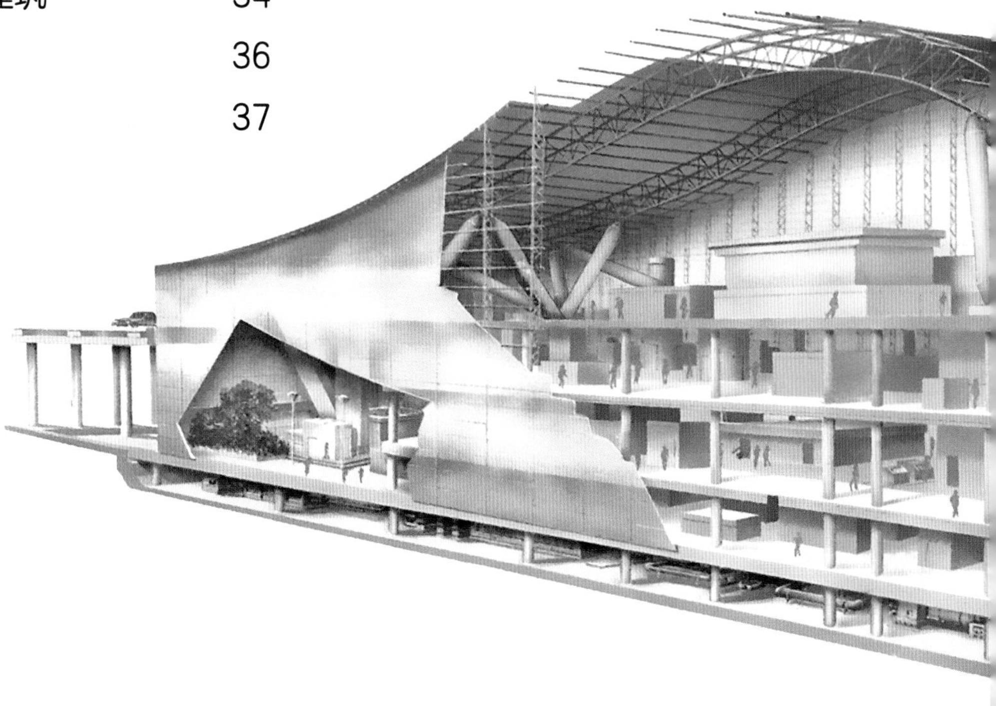

引　言

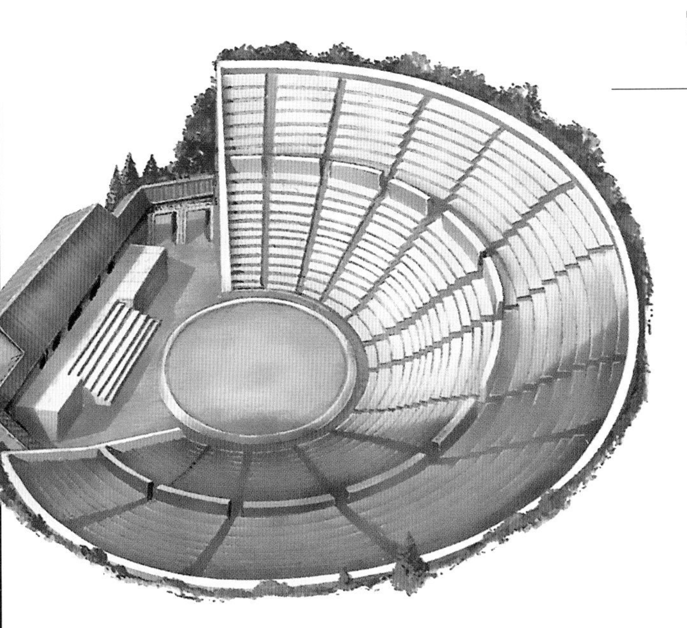

在人类文明的最早时期，人类就开始建造壮观宏大的建筑。这些巨大的建筑出现在人们生活和工作的各种地方，从发电厂到宗教场所，甚至纪念碑。

19世纪末期，世界第一座摩天大楼诞生。之后建筑材料不断改进，建筑设计方式不断翻新，促使建筑结构更加巨大。到如今，办公大楼拔地而起，已能达到几百米高。

对于以后的建造者们来讲，未来充满挑战。在世界人口不断增长，地球上可供建造的土地很有限的情况下，必须找到新的方法解决土地匮乏的问题。各种提议方案应运而生，有的注重实际，有的离奇古怪，其中包括空中城市、地下城，甚至考虑把城市建在太空中！

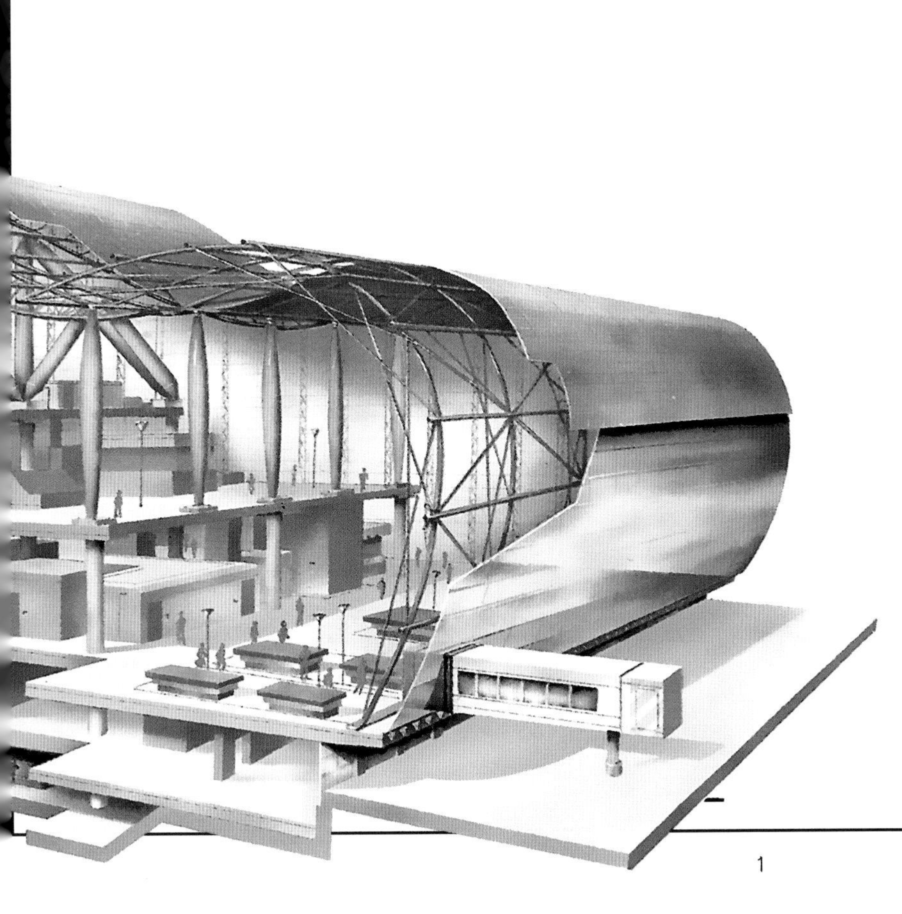

自由女神像

内部结构

自由女神像的内部结构是法国著名建筑大师古斯塔夫·埃菲尔设计的（埃菲尔也设计了著名的埃菲尔铁塔，见第 5 页）。其内部是一个稳固的钢铁骨架，一连串平直的铆钉将雕像牢牢固定在骨架上。这些铆钉就像弹簧一样，使雕像在 200 千米每小时的风速下也能灵活应对。

火炬

王冠

铜皮

螺旋梯

铭牌上刻着《独立宣言》发布的日期

铁质框架

观光长廊

牛久阿弥陀大佛

牛久阿弥陀大佛位于日本，曾为世界最高的佛像，经过 10 年建造，于 1995 年竣工。这座青铜佛像（左图所示）有 120 米高，35 米宽。自由女神像（包括雕像和底座）是其高度的三分之二，但牛久阿弥陀大佛的重量却有 1 000 吨，接近自由女神像的 5 倍。目前世界最高的佛像是中原大佛，位于中国河南省。

直达顶端

游客们可以乘坐玻璃电梯，直接到达自由女神像的底座，然后沿着雕像内部螺旋上升的 171 级楼梯攀登，即可到达王冠处。王冠内部设有观光长廊，站在此处远望，纽约港的美景尽收眼底。

高度和质量

自由女神像的顶部距离地面 92 米，其中金属部分有 46 米高，正好是整个雕像一半的高度，剩余部分则由石头底座构成。铜质外皮和它的钢铁骨架一共重 220 吨。但是，铜质外皮相对较薄，仅重 32.5 吨。

石头底座

“祖国母亲在召唤”雕像

“祖国母亲在召唤”

沉重的“祖国母亲在召唤”雕像（右图所示），位于俄罗斯伏尔加格勒州外围的马马耶夫岗。这座雕像是为了纪念第二次世界大战（1939—1945 年）中的斯大林格勒战役而建造的。从雕像底部到紧握在右手中的剑的顶端，约有 82 米高。

自由女神像

高高挺立在纽约港入口的是世界最著名的雕像之一——自由女神像。这座巨大的雕像雕刻的是一位女性，她右手手持象征自由的火炬，左手捧有一块铭牌，上面刻着《独立宣言》发布的日期。这自由女神像是美国独立战争胜利 100 周年时，法国人民为了庆祝法美两国间的深厚友谊赠给美国人的礼物，由法国雕塑家弗雷德里克·奥古斯特·巴托尔迪设计，从 1870 年到 1885 年，在巴黎雕刻了 15 年才完成。为方便运输，自由女神像被拆分成许多块，装入 210 个箱子中，通过轮船穿过大西洋到达美国。当自由女神像抵达美国时，雕像被重新拼在一起，放在一座小岛的石头基座上，一直挺立至今。

世界上的纪念性建筑

吉萨的胡夫金字塔

压顶石

国王的墓室

大型走廊

第二墓室

第一墓室

石灰石覆层

日月金字塔

近处的月亮金字塔和远处的太阳金字塔

埃及人并不是唯一建造金字塔的民族，中美洲文化中也有建造金字塔的历史，其中最有名的是日月金字塔，位于现代墨西哥城附近的特奥蒂瓦坎古城遗址中。月亮金字塔比太阳金字塔略小，坐落在城市的北部尽头。太阳金字塔基座大小为 220 米 ×230 米，高度达到 66 米。

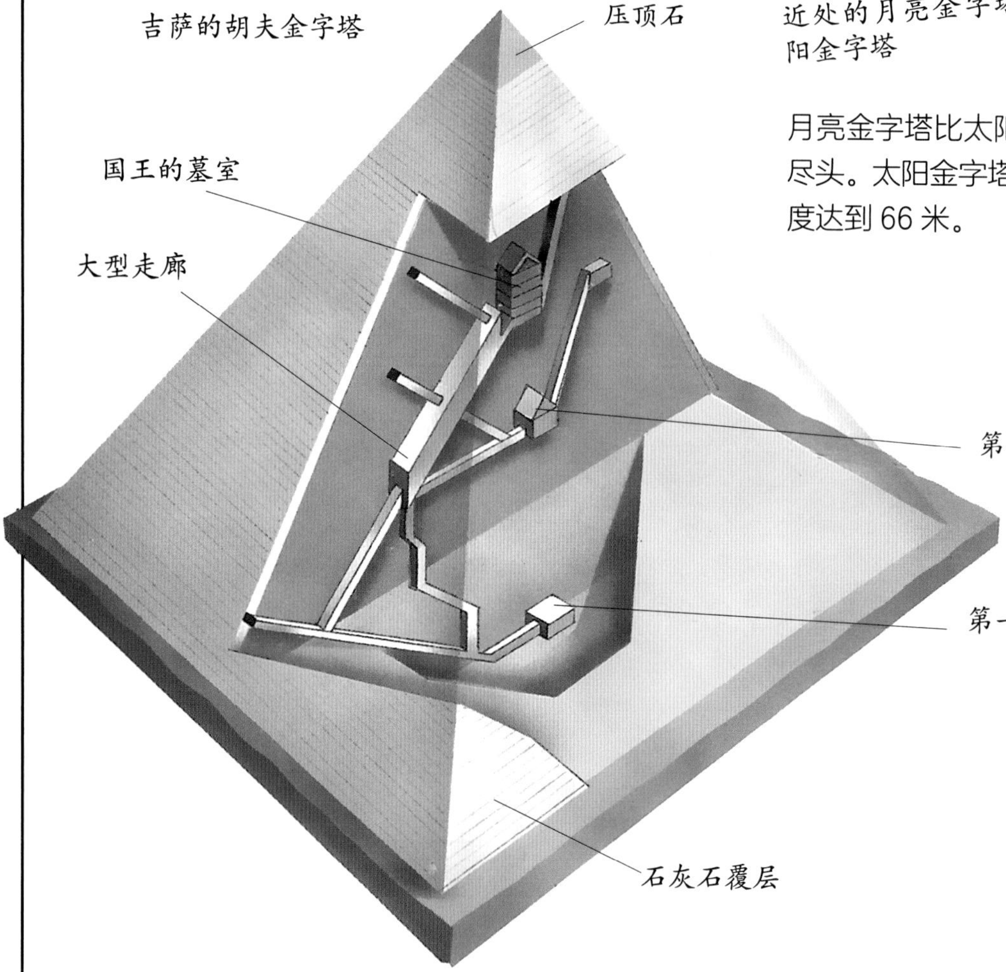

罗德岛太阳神巨像（想象图）

吉萨金字塔群

世界上一些最壮观的建筑都以纪念碑的形式高高耸立着，或是为了庆祝个人达到的成就，或是像自由女神像那样，为了纪念两国之间的友谊。

所有的纪念性建筑中，最古老的、最壮观的要属埃及吉萨的金字塔群。这三座金字塔是为古埃及三位统治者的坟墓建造的。最大的胡夫金字塔（见上图），建造于公元前 2660 年到公元前 2560 年之间，由 200 多万块石头堆砌而成，每块石头平均重 2.5 吨。塔下有一个正方形的基座，基座边长 230 米，塔原高 146 米。金字塔的内部建有几条地下通道和走廊，还有用来隐藏国王遗体的内室。

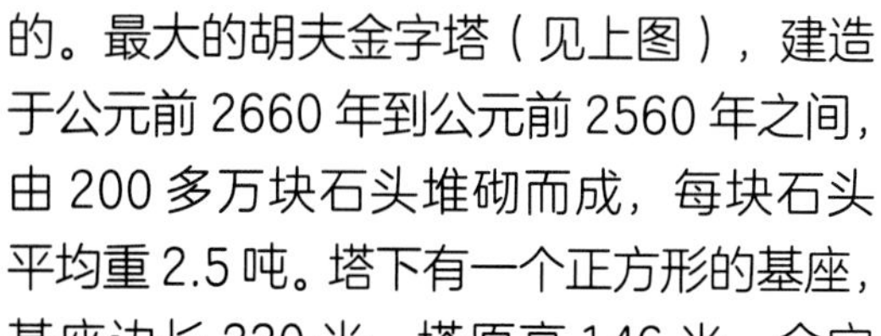

摩索拉斯陵墓（想象图）

其他建筑奇迹

胡夫金字塔是古代世界七大建筑奇迹中仅存的一个。其他的建筑奇迹分别是：巴比伦空中花园、阿尔忒弥斯神庙、奥林匹亚宙斯巨像、法罗斯岛上的亚历山大灯塔、摩索拉斯陵墓（见左图）、罗德岛的太阳神巨像（见上图）。

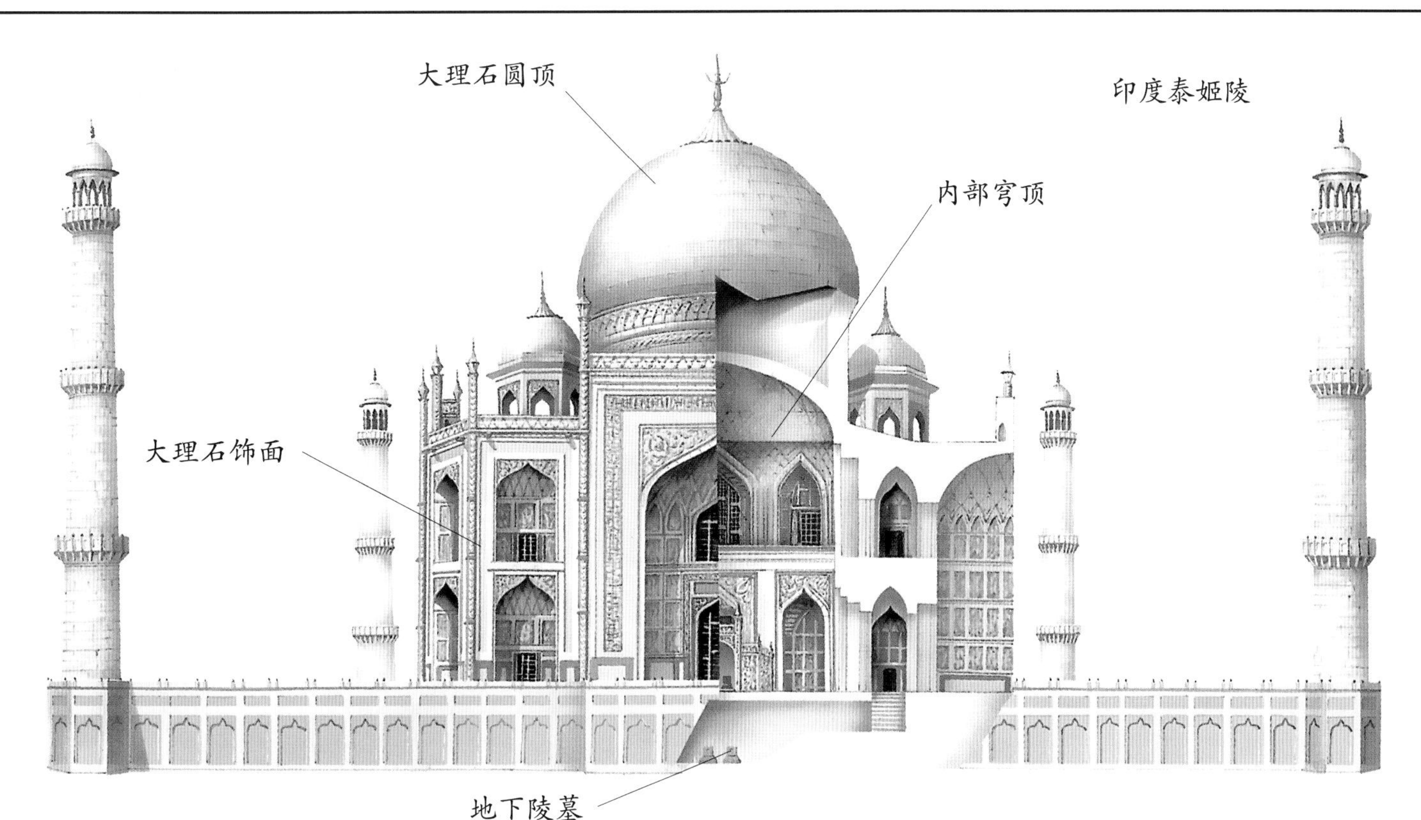

泰姬陵

泰姬陵（见上图）临近印度阿格拉市，是莫卧儿帝国皇帝沙迦汗为他的妻子姬蔓·芭奴建造的陵墓。姬蔓·芭奴于1631年死于难产，次年，泰姬陵开始建造，于1654年建造完成。泰姬陵的圆形屋顶距地面76米，建筑表面用水晶和青金石等作装饰。

圣·路易斯拱门

位于美国圣·路易斯的“通向西部之门”，是一座高和宽都为192米的不锈钢拱门。圣·路易斯拱门（见下图）是为了纪念圣·路易斯在美国历史上的重要作用而建造的。1803年，美国在路易斯安那购地案后，开始向西部扩张，圣·路易斯成为“通向西部之门”。路易斯安那购地案中，从法国购置的领土使美国的领土面积扩大了整整一倍。

巴黎建筑

巴黎有很多建筑用来纪念巴黎的历史。最著名的建筑之一埃菲尔铁塔（见右图）是一座铁质建筑，高320米，由古斯塔夫·埃菲尔为1889年的博览会设计，以纪念1789年的法国大革命。巴黎最引人注目的建筑之一是位于拉德芳斯的新凯旋门（见左图）。这个方形拱门规模宏大，包含一个展览厅和一个会议中心，足够容纳整个巴黎圣母院（见第6页）。

埃菲尔铁塔

拉德芳斯新凯旋门

圣·路易斯拱门

圣保罗大教堂的穹顶和塔尖

宗教场所通常是引人注目的建筑，以反映它们所建造时代的庄严。17 世纪末的有名建筑之一是圣保罗大教堂。原有的圣保罗大教堂于 1666 年毁于伦敦的一场大火。之后，建筑设计大师克托弗・雷恩爵士承担了新的圣保罗大教堂的设计任务。建造这座新的穹顶教堂始于 1675 年，持续了 41 年，最终于 1716 年建造完成。建成之后，新圣保罗大教堂在发生于伦敦的历次变故中幸存，甚至在第二次世界大战中整座城市都一片狼藉的情况下，仍然奇迹般地保存了下来。

巴黎圣母院

巴黎圣母院（见右图）位于法国巴黎塞纳河中央的一座小岛——西岱岛上。它建造于 1163 年到 1250 年之间，是法国最具代表性的哥特式建筑之一。在 1789 年法国大革命中，巴黎圣母院被损坏，直到 1864 年才开始修复。

巴黎圣母院

圣保罗大教堂

穹顶

圣保罗大教堂的穹顶跨度为 34 米，高度为 111 米。

教堂地下室

教堂里有很多著名人物的坟墓和纪念碑，它们都存放在教堂的底部或地下室。

梵蒂冈圣彼得大教堂

圣彼得大教堂（见右图）是梵蒂冈城的一部分，花了 120 年才建造完成——1506 年建造地基，1626 年建成。巨大的穹顶由画家、建筑师米开朗琪罗设计，穹顶周长 71 米，约有 120 米高。

梵蒂冈圣彼得大教堂

神庙与教堂

拉美西斯二世的阿布·辛拜勒神庙

自人类文明开始，人类就建造了许多宏伟的神庙。早在公元前1250年，埃及法老拉美西斯二世就在阿布·辛拜勒建造了神庙。神庙的正前面是拉美西斯的四座雕像守卫着，每座雕像超过20米高（见上图）。卡纳克神庙（见右图）临近埃及南部的卢克索城，占地约20 000平方米。

麦加

穆斯林的朝圣之旅，就是前往位于沙特阿拉伯麦加的大清真寺（见右下图）朝觐礼拜。在伊斯兰历一年的最后一个月——都尔黑哲月期间，这座著名的建筑有约200万穆斯林前来朝觐。清真寺庭院的中央，坐落着克尔白圣殿。克尔白意为"方形房屋"。镶嵌在圣殿中的是一块神圣的黑色石头。

麦加大清真寺

卡纳克神庙大厅的柱子

吴哥窟

如今已经被废弃的吴哥城位于柬埔寨，它建造于公元9世纪到13世纪之间，占地面积从西到东有24千米，从北到南有8千米。吴哥城保存最好的庙宇群是吴哥窟（见下图）。吴哥窟建造于1113年到1150年之间，占地面积约2.5平方千米，曾是最大的宗教综合建筑之一。

吴哥窟

帕特农神庙

耸立在希腊雅典的雅典卫城（也称“高丘上的城邦”）最高点的是帕特农神庙（见右图）。帕特农神庙建造于公元前 447 年到公元前 432 年之间，是为了供奉雅典的守护女神雅典娜而建。神庙约高 18 米，长 72 米，宽 34 米，由 46 根大理石柱支撑。神庙的内部树立着雅典娜的雕像，雕像外部装饰着 1 吨多重的黄金！

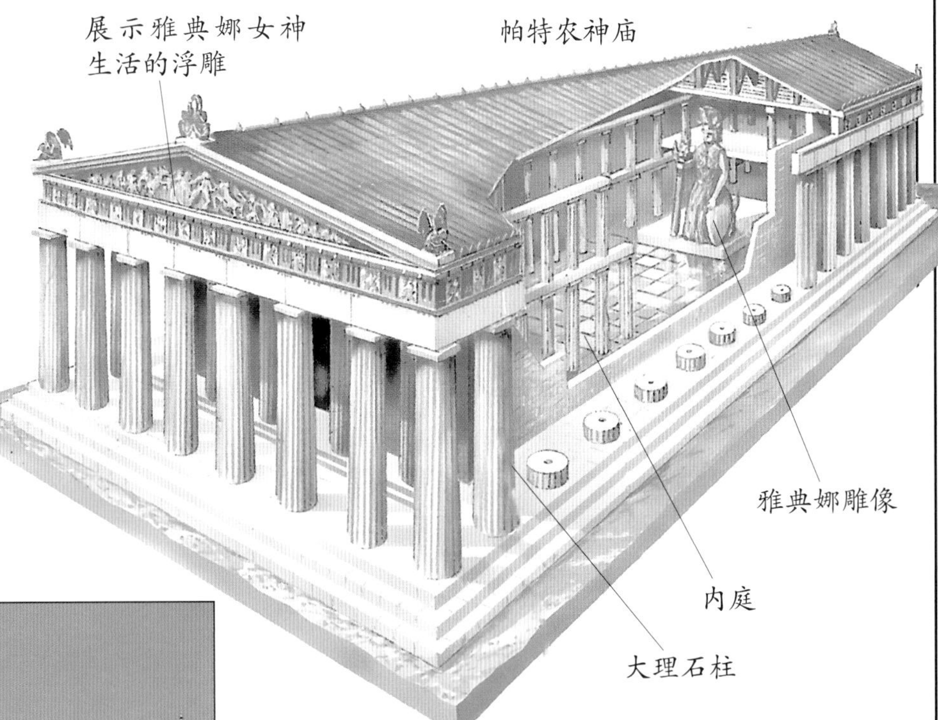

圣索菲亚大教堂

圣索菲亚大教堂

公元 532 年，拜占庭帝国君主查士丁尼一世在君士坦丁堡（现称伊斯坦布尔）开始建造宏伟的圣索菲亚大教堂。由 10 000 人组成的施工团队仅花了 5 年就完成了这座穹顶教堂（见左图）的建造工程。15 世纪时，教堂被改为清真寺。如今，圣索菲亚大教堂是一座博物馆。

圣家族大教堂

现代教堂

和平圣母大教堂（见下图），位于非洲的科特迪瓦共和国。教堂可以容纳将近 7 000 人，约有 158 米高。另一座具有代表性的现代教堂是位于巴塞罗那的圣家族大教堂（见右图）。它是西班牙建筑师安东尼奥 · 高迪的代表作，这座华丽的教堂始建于 1882 年，目前为止仍未建造完成。

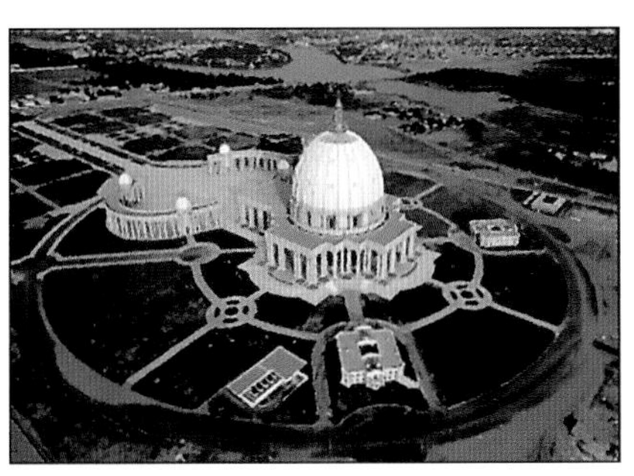

和平圣母大教堂

中世纪城堡

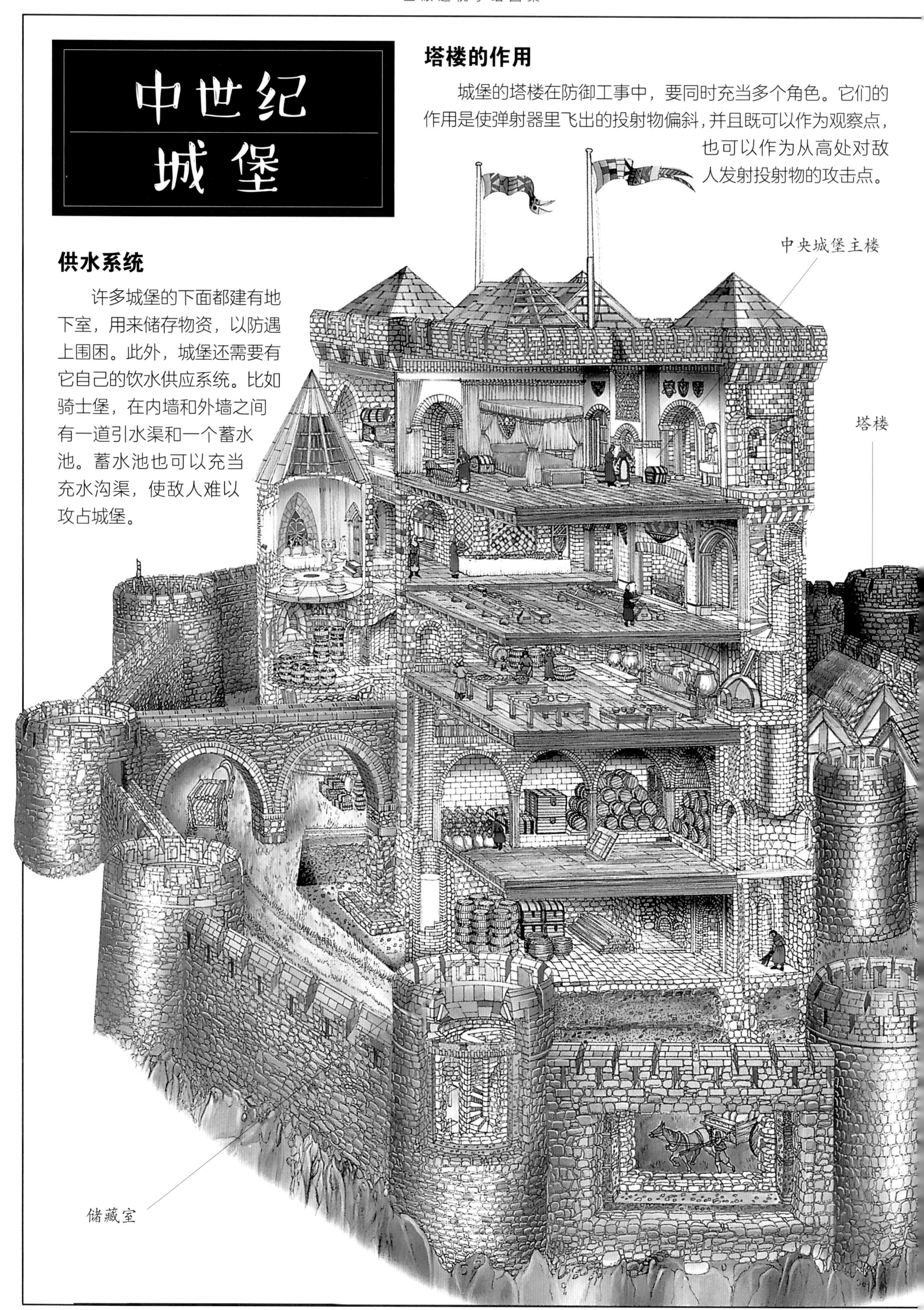

塔楼的作用

城堡的塔楼在防御工事中，要同时充当多个角色。它们的作用是使弹射器里飞出的投射物偏斜，并且既可以作为观察点，也可以作为从高处对敌人发射投射物的攻击点。

供水系统

许多城堡的下面都建有地下室，用来储存物资，以防遇上围困。此外，城堡还需要有它自己的饮水供应系统。比如骑士堡，在内墙和外墙之间有一道引水渠和一个蓄水池。蓄水池也可以充当充水沟渠，使敌人难以攻占城堡。

伦敦塔

1066年，征服者威廉加冕不久之后，开始着手伦敦塔（见左图）的建造工作。城堡的石头主楼是一座27米高的白塔，于1078年开始建造，1097年建造完成。迄今为止的9个多世纪里，它并没有太多改变。

石头围墙

城堡通常会有好几道围墙，即使入侵者攻破了其中的一道围墙，防御者依旧能够抵抗，并从内墙组织反攻。有些城堡的墙能达到9米厚。

守卫城门

城门作为城墙的开口，是一座城堡最容易受到攻击的地方。因此许多城堡的这部分都会着重加强，以保护这个弱点。

吊桥

护城河

伦敦塔

在炮弹被发明出来以前，城堡作为要塞，在对抗外敌入侵时扮演着重要的角色。至16世纪末期，中世纪的欧洲和中东建起了几千座城堡，其中的很多城堡直到现在依然矗立着，包括叙利亚的骑士堡（见下图）和伦敦塔（见上图）。能摧毁城堡城墙的大炮出现以后，城堡逐渐被要塞取代。更多的现代堡垒建筑与中世纪时的城堡，呈现出一定的相似性。例如，第二次世界大战之前，由法国人建造的防御堡垒的重要一环——马其诺防线，就几乎处于地下。

叙利亚的骑士堡

城堡与宫殿

爱丁堡城堡

城堡和宫殿一般都建造得十分宏伟壮观，相对于其周边环境，显示出一种凌驾其上的气势，以反映自身的重要地位。爱丁堡城堡（见上图）坐落于陡峭悬崖上，高高矗立在苏格兰首府城市的中心。爱丁堡城堡的位置距海平面约 134 米，三面是悬崖，而第四面则是一个斜坡。

阿尔罕布拉宫

阿尔罕布拉宫是摩尔统治者在西班牙格拉纳达留下的要塞，大部分是在 1238 年到 1358 年之间修建的。令人生畏的建筑外形下隐藏着一片乐土，建有带喷泉和水池的花园与庭院。阿尔罕布拉宫的部分墙面上装饰着光滑的瓷砖，且瓷砖上都有华美的图案。宫殿中央的狮子厅（见右图）有大约 100 根圆柱，这些圆柱支撑着可以遮挡太阳的游廊。

阿尔罕布拉宫

凡尔赛宫

新天鹅堡

新天鹅堡（见下图）坐落在一块礁石的顶端，可以远眺位于德国巴伐利亚阿尔卑斯山脉的波拉特峡谷。1869 年，这座精巧的建筑在巴伐利亚国王路德维希二世的指导下开始建造。国王路德维希二世以“疯王路德维希”的称号闻名。基于路德维希关于中世纪城堡应有形态的构想，新天鹅堡有高耸的尖顶、塔楼、角楼、雉堞，还有一个有围墙的庭院，一个室内花园，甚至还有一个人造的洞穴。对于这位国王来说，这座城堡就是他的童话家园。

凡尔赛宫

凡尔赛宫（见上图）是建造在巴黎周围的法国王室宫殿之一，包含占地约 100 万平方米的花园。凡尔赛宫令人印象深刻的是镜厅。镜厅约有 72 米长，通常作为公开场所。凡尔赛宫曾是法国国王办公的地方，可容纳 1 000 名官员和 4 000 名服务人员。

新天鹅堡

姬路城

姬路城（见上图）建造于 14 世纪，是日本播磨平原上的战略要塞，作为当地豪族的堡垒。姬路城中央的白色多层城堡主楼叫天守阁，其外部有防御工事牢牢保护，自身也有极难攻破的斜墙。姬路城建造于枪支炮弹刚刚开始使用的年代，因此建有特殊的“狭间”孔洞，即炮眼。城堡守卫者可以通过炮眼，向攻击城堡的敌军开火。

德里红堡

德里红堡（见右下图）是印度莫卧儿帝国时期建造的一座宫殿，它的名字起得十分贴切，在印度语里即“红色城堡”的意思。德里红堡的建造是由莫卧儿王朝第五代皇帝沙迦汗开始的。沙迦汗执政时间为 1628 年至 1658 年，他还建造了泰姬陵（见第 5 页）。红色的砂石墙包围着城堡的几座华美的花园、宫殿和兵营等许多上好的建筑。

德里红堡

紫禁城

北京的紫禁城（现为故宫博物院）是一片庞大复杂的建筑群，在 1421 年到 1911 年之间，是中国皇帝们居住的地方。它之所以被叫作“紫禁城”是因为皇帝的住所被称为“紫宫”，而未经允许，任何人都不能进入，否则就是“犯禁”，合起来称呼，就是“紫禁城”。围绕着紫禁城的是一堵 11 米高，16 千米长的宫墙。

紫禁城的上千座建筑中，最大的是太和殿（见下图）。这是一座约有 35 米高的木结构宫殿，建造在一个大理石平台上，屋顶由 20 根木柱支撑。宫殿的内部还保留着皇帝曾使用过的龙椅。

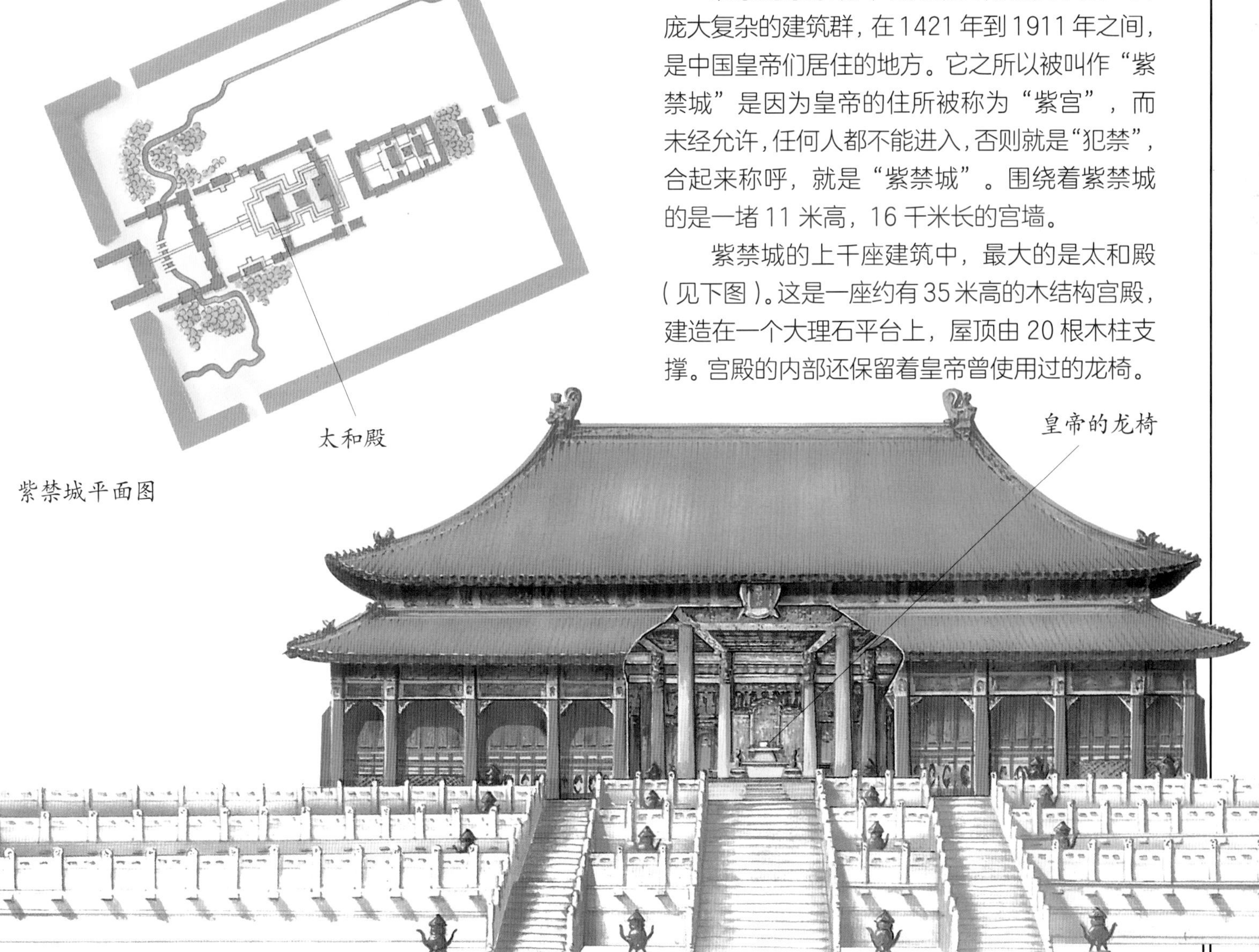

紫禁城平面图

大斗兽场

罗马大斗兽场始建于公元 70 年左右，罗马皇帝韦斯巴芗当政时期。它的外形椭圆似碗状，规模宏大。大斗兽场由混凝土和石灰岩构筑而成，花费约 10 年时间建造。它在各种各样的“游戏节目”中扮演着东道主的角色，包括角斗士之间的战斗、人和动物之间的战斗、微型战斗，甚至海洋战斗——斗兽场里充满水，小型的舰艇航行其上并战斗。

大斗兽场可以容纳超过 50 000 名观众，是罗马帝国最大的圆形露天竞技场。这个斗兽场一直被使用到公元 5 世纪或者 6 世纪，最后一场斗技亦在此举行。

现存的罗马大斗兽场遗址

规模

大斗兽场（见右图）有 48 米高，190 米长，155 米宽。竞技舞台尺寸为 85 米 × 55 米。这周围耸立着一面墙，用来将人群和斗技活动分隔开。

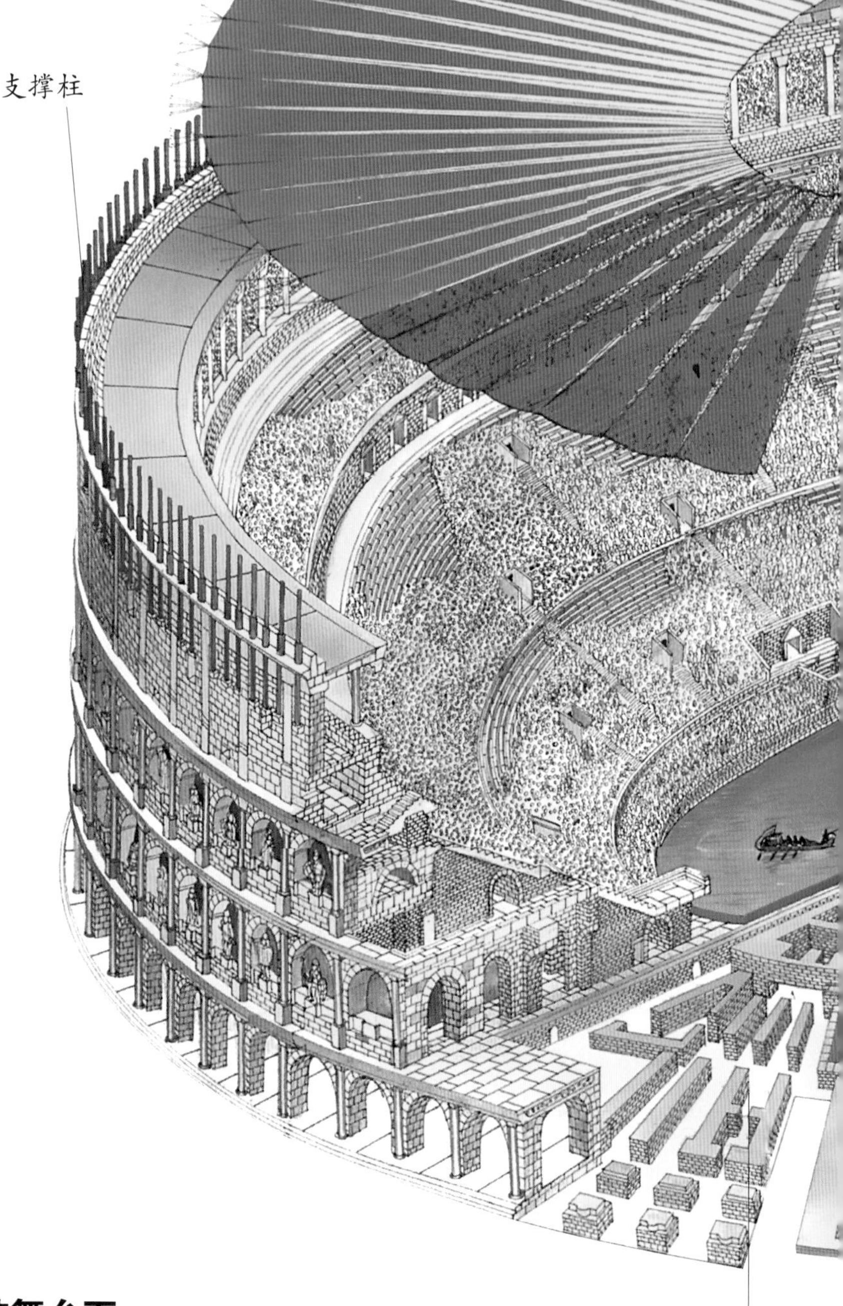

竞技舞台下

大斗兽场的竞技舞台下面是一个由地道、小牢房和其他房间组成的复杂迷宫。这片区域是动物、角斗士和罪犯在进行格斗前停留等待的地方。特殊的带罗网的门和升降梯带着角斗士们和动物们到达竞技舞台层。

大斗兽场

遮阳篷

第三层座位

遮挡措施

为观众免受恶劣天气影响，大斗兽场上支起一顶巨大的帆布顶棚，也叫作遮阳篷。顶棚由 240 根从上层支起的杆子支撑着。遮阳篷由附近港口的罗马海军驻地的水手们升起。

第二层座位

第一层座位

竞技场

罗马圆形露天竞技场

整个罗马帝国约有 75 个圆形露天竞技场的遗迹被发现。它们的尺寸都在长 60 到 90 米之间，宽 35 到 60 米之间。罗马帝国在突尼斯的殖民地蒂斯德鲁斯的斗兽场（现称埃尔・杰姆斗兽场）是已发现的最壮观的圆形露天竞技场之一。

雕塑

埃尔・杰姆斗兽场遗址

娱乐中心

古希腊圆形露天大剧场

水晶宫

水晶宫

水晶宫（见右图）是一座由玻璃和钢铁构成的巨大建筑，它是为了1851年世博会建造的。它有563米长，124米宽，33米高，占地90 000平方米，相当于18个足球场的大小。世博会结束后，水晶宫被拆除，之后于1852年至1854年在伦敦南部重建。不幸的是，它于1936年11月30日在一场大火中被烧毁。

圆形露天大剧场

古希腊人最早建造用于娱乐的建筑，他们在整个地中海地区建造了许多圆形露天大剧场（见上图）。观众坐在由一排排木头或石头长凳和椅子构成的半圆形观众席上，观众席往往依山而建。陡峭的斜坡使每个观众都能很清晰地观看台上的表演，而且这种形状可以使声音传到剧场的每个角落。如雅典的大剧场建造于公元前500年，可以容纳30 000人。

玛雅球场

在约公元前800年到公元1500年的中美洲文明里，有一种在特殊球场内进行的传统游戏——打橡胶球。玛雅人管这种游戏叫波塔波，阿兹特克人管它叫奥拉麻，玛雅球场形状像是大写字母“I”。选手们用他们的手肘、膝盖和臀部（不用手）将一个橡胶球送进球场里他们对手的那头。游戏稍后有些变化，球必须穿过位于球场另一边的几个石环。这种特殊的球赛游戏非常凶残，比赛中输掉的一方甚至会被处死。

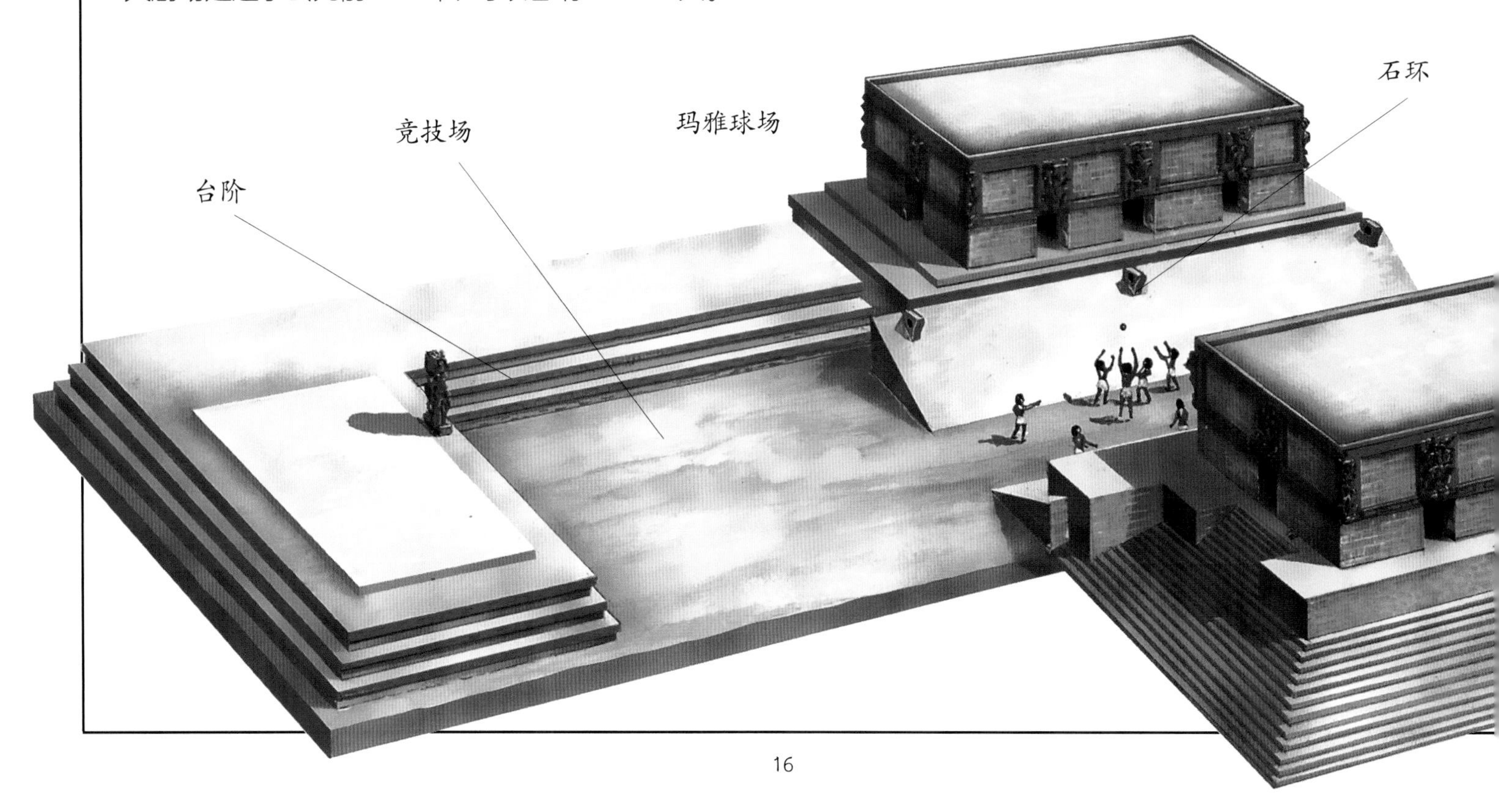

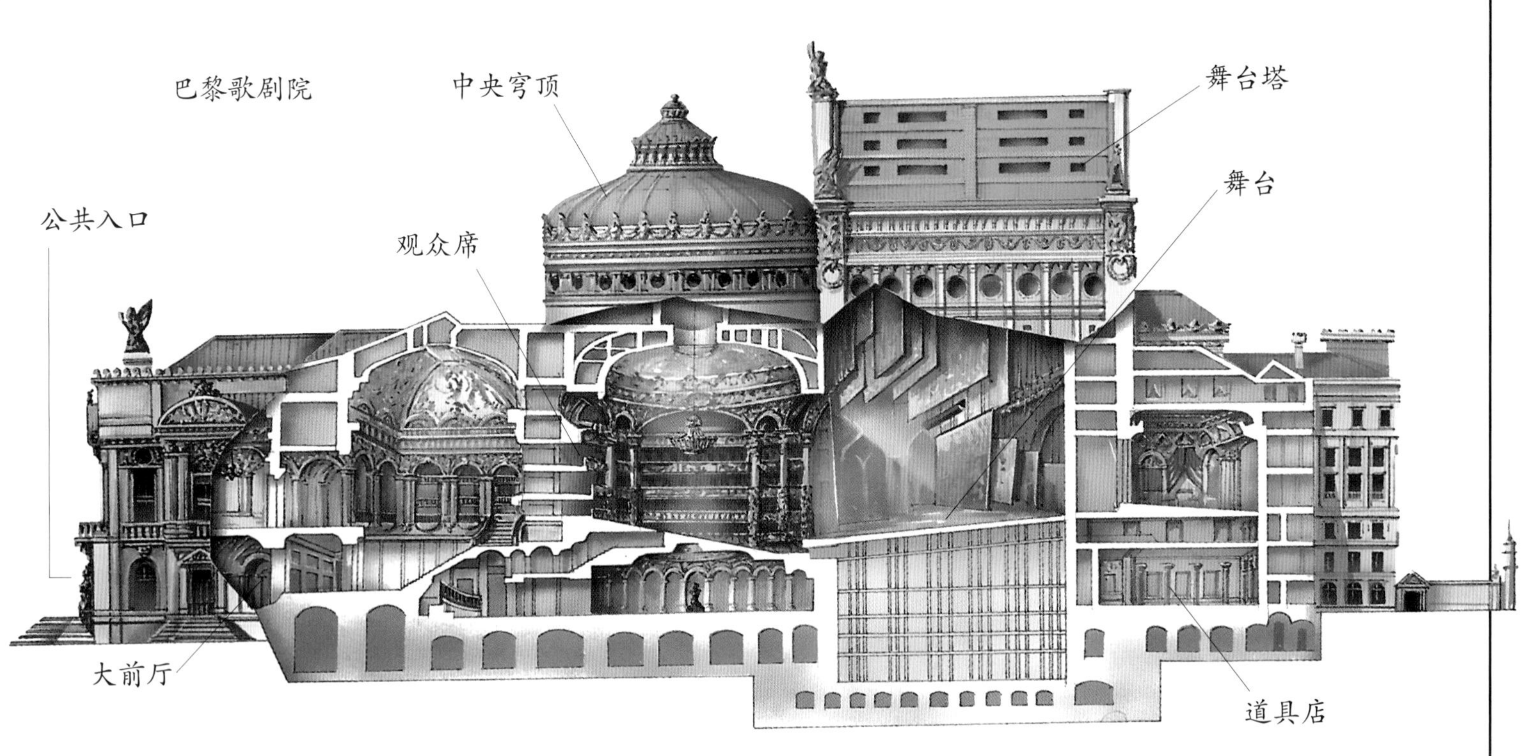

歌剧院

由查尔斯·加尼叶设计的巴黎歌剧院（见上图）于1875年1月5日开放。剧院观众席可容纳2 000人，舞台可容纳约450个表演者。另一座歌剧院——悉尼歌剧院（见下图），是20世纪最引人注目的建筑之一，其贝壳形状的屋顶覆盖在4座大厅之上，剧院内包括有1 547个座位的剧院大厅和有2 679个座位的音乐大厅。

悉尼歌剧院

慕尼黑奥林匹克体育场

世界上大部分规模宏大的体育场都是为了召开奥林匹克运动会而建的。慕尼黑奥林匹克体育场（见右图）就是用于1972年的奥运会，它的顶上是一块巨大的玻璃“帐篷”，面积有85 000平方米，相当于17个足球场，附在由结实的桅杆支撑的巨大钢丝网上。

慕尼黑奥林匹克体育场

天穹运动场

加拿大多伦多天穹运动场（见右图）是世界上第一座穹顶可开合的体育场。恶劣的天气里，屋顶可移动到比赛区域和观众席之上。座椅也可以根据不同赛事做出调整。举办篮球赛，天穹运动场可容纳超过50 000人；若是举办一场摇滚音乐会，则可容纳60 000人。天穹运动场于1989年建造完成，花费了5年时间。

多伦多天穹运动场

水车

叙利亚的哈马水车（见左图）曾是世界上最大的水车，直径 20 米左右，自罗马时代就开始使用。现在世界上直径最大的水车为中国贵州省的丹寨大水车。

自第一架水车造出来，到现代出现水力发电的水坝，流水就一直被当作一种自然能量为人类所使用。目前，流水的能量被当作一种便宜又清洁的发电资源。大多数的水力发电站都会修建水坝，用来蓄积大量的水。水从水坝后面被引导着从管道流向涡轮机，涡轮机不断旋转，从而产生电。

水的力量

巨大的水库

河流被水坝堵住，大片的陆地被淹没，形成水库。蓄积的水用来产生能量。最大的水坝形成的水库面积约有 8 500 平方千米。

导管开口

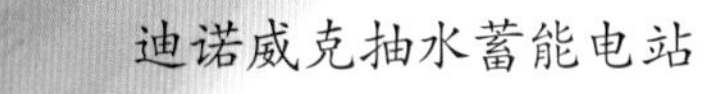
迪诺威克抽水蓄能电站

迪诺威克抽水蓄能电站

在抽水蓄能站里，当电力能源需求低时，电力用于将水从湖泊中抽取到位置更高的水库中。当有电力能源的突然需求时，让水流从水库流入水道，经过涡轮机，使涡轮机旋转产生电流。比如英国威尔士的迪诺威克抽水蓄能电站（见上图）。

能量的产生

对于世界上许多国家来说，水力发电是目前比较重要的发电方式。南美洲的伊泰普大坝（见下图）可以产生足够的电量，以供应巴西和它临近的巴拉圭的电量需求。

流水越多，流经涡轮机的量就越大，产生的电量也就越多。为保持足够的水量以供应持续不断的电能，水坝都倾向于修建得十分宏大。

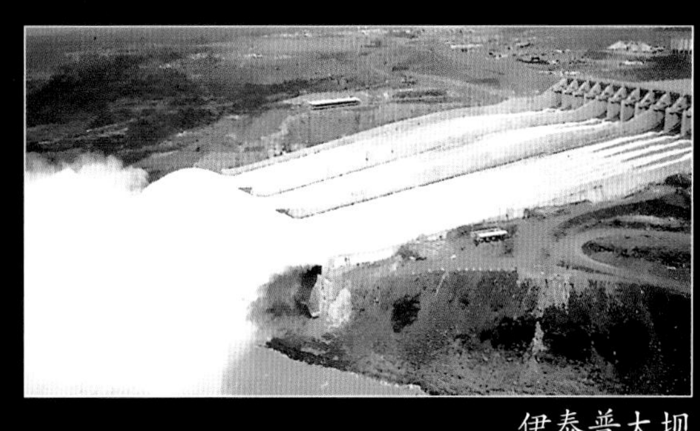
伊泰普大坝

工业
巨型建筑

18 世纪欧洲工业革命的发生，导致新型建筑出现——巨大的建筑只用于加工制造、矿物提炼，以及之后的科学发明和空间探索。一些最早期的工业建筑是钢铁厂（见下图）。在冶铁熔炉中，未经加工的原材料放在熔炉的顶端，而熔化的铁水（液体状态）从熔炉底部流出。

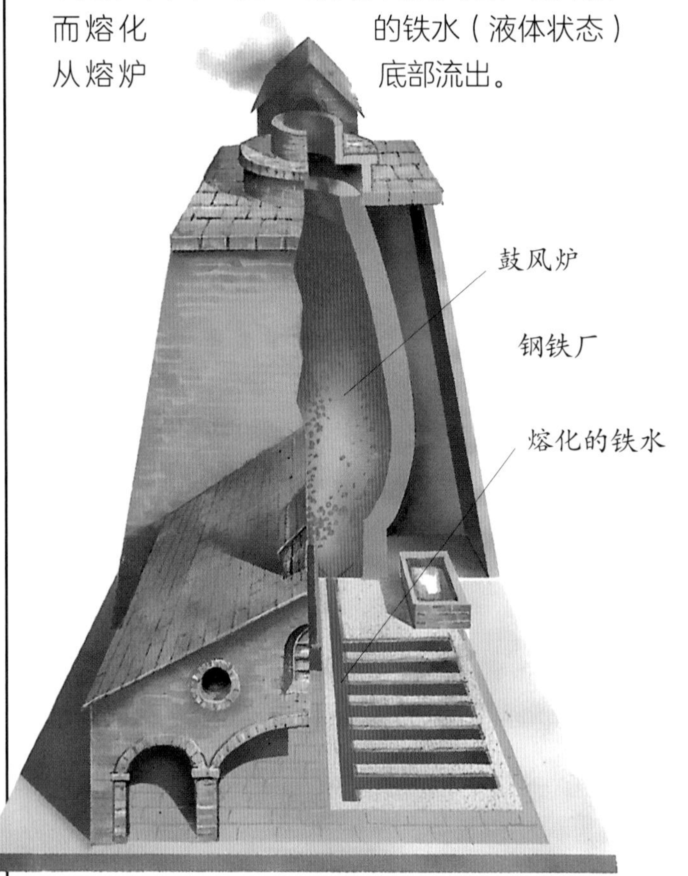

石油钻塔

从海底提取石油需要巨大的石油平台（见右图）。石油平台上的石油钻塔立于海面之上，是设备齐全、自给自足的工作群落。它们可以为超过 100 名船员提供住所。船员们可以住在拥有食堂、休息厅和会客室的生活模块里。支撑钻塔的是可延伸到海下 800 米的巨大支架。最大的钻塔可支撑将近 50 000 吨的重量，每天产生超过 100 000 桶石油。

石油提炼厂

高耸的楼塔、密集杂乱的管道，一个现代石油提炼厂（见右图）是一道令人敬畏的风景线。这些提炼厂将从石油井或石油钻塔中提取出的原油，转化成包括汽油在内的可用油。每个提炼厂都有一个高高的烟囱，烟囱里有一团燃烧的火。这团火是提炼厂安全系统的一部分，从这里危险气体可以被燃烧掉。

石油提炼厂

太阳能

利用来自太阳的能量发电是毫无污染的。在法国奥德罗的日光炉，阳光通过镜子聚集后产生的热量足够将水转化成蒸汽，驱动涡轮，形成电能。

奥德罗的日光炉

飞行器装配大楼

为了建造可携带美国航天员到达月球的土星5号巨型运载火箭，美国国家航空航天局在佛罗里达州的基地里修建了飞行器装配大楼（见下图）。这座钢铁结构的宏大建筑约高160米，宽158米，长218米，占地32 000平方米。这座建筑曾用作装配航天飞机。

飞行器装配大楼

日内瓦大型电子正子碰撞机

日内瓦附近的大型电子正子（LEP）碰撞机是世界上最大的碰撞机，它由一个巨大的圆形隧道构成，隧道周长27千米，直径为3.8米。在这里面，粒子在粉碎前被加速。科学家利用这个来探索原子的构成。

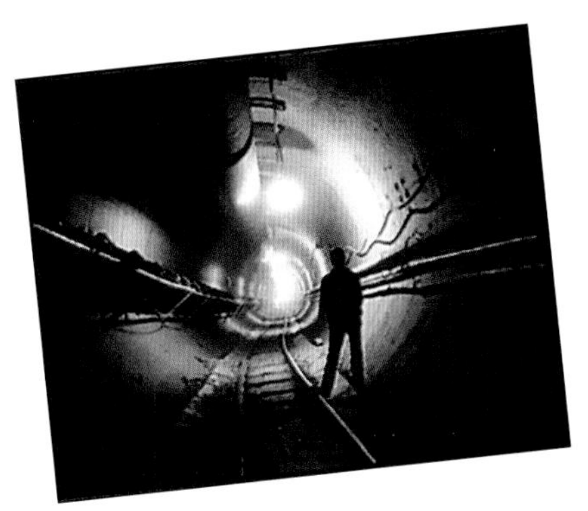

碰撞机管道内部

纽约中央火车站上的雕像

我们经常花费大量的金钱和精力去制造高效的公共交通设施，比如铁路系统。为了体现这些日常基础设施的重要性，世界上很多火车站都建造得十分壮观，其中的一部分火车站是因客流量巨大，为了方便调控而必须建造得十分宽阔，比如世界最大的火车站之一——纽约市的中央火车站。

中央火车站占地 190 000 平方米，建造于 1913 年美国铁路系统全盛时期。今天，平均每年的客流量超过 1 亿人，是美国最大、最繁忙的火车站。

纽约中央火车站

车站主厅

车站主厅

中央火车站主厅（见上图）里，乘客聚集于此，并前往自己的站台。主厅以其非凡的拱形天花板而闻名，拱顶形成的空间相当于七层楼高。主厅本身占地面积约 7 430 平方米，相当于 28 个网球场的面积。

中央火车站

滑铁卢火车站新站

壮观的伦敦滑铁卢火车站新站（见右图）于1922年开放，长400米，其最引人注目的是它弯曲的玻璃屋顶和不锈钢覆层。这座通过英吉利海峡通道连接英国和欧洲大陆的火车站，平均每小时接待来自欧洲之星列车的约6 000位乘客。

滑铁卢火车站新站

维多利亚火车站

维多利亚火车站

孟买的维多利亚火车站（见左图），现已易名为孟买贾特拉帕蒂·希瓦吉终点站，建造得十分华丽，精细的雕刻令其特色鲜明。车站高84米，有些靠近顶端的雕刻，站在地面上很难看到。

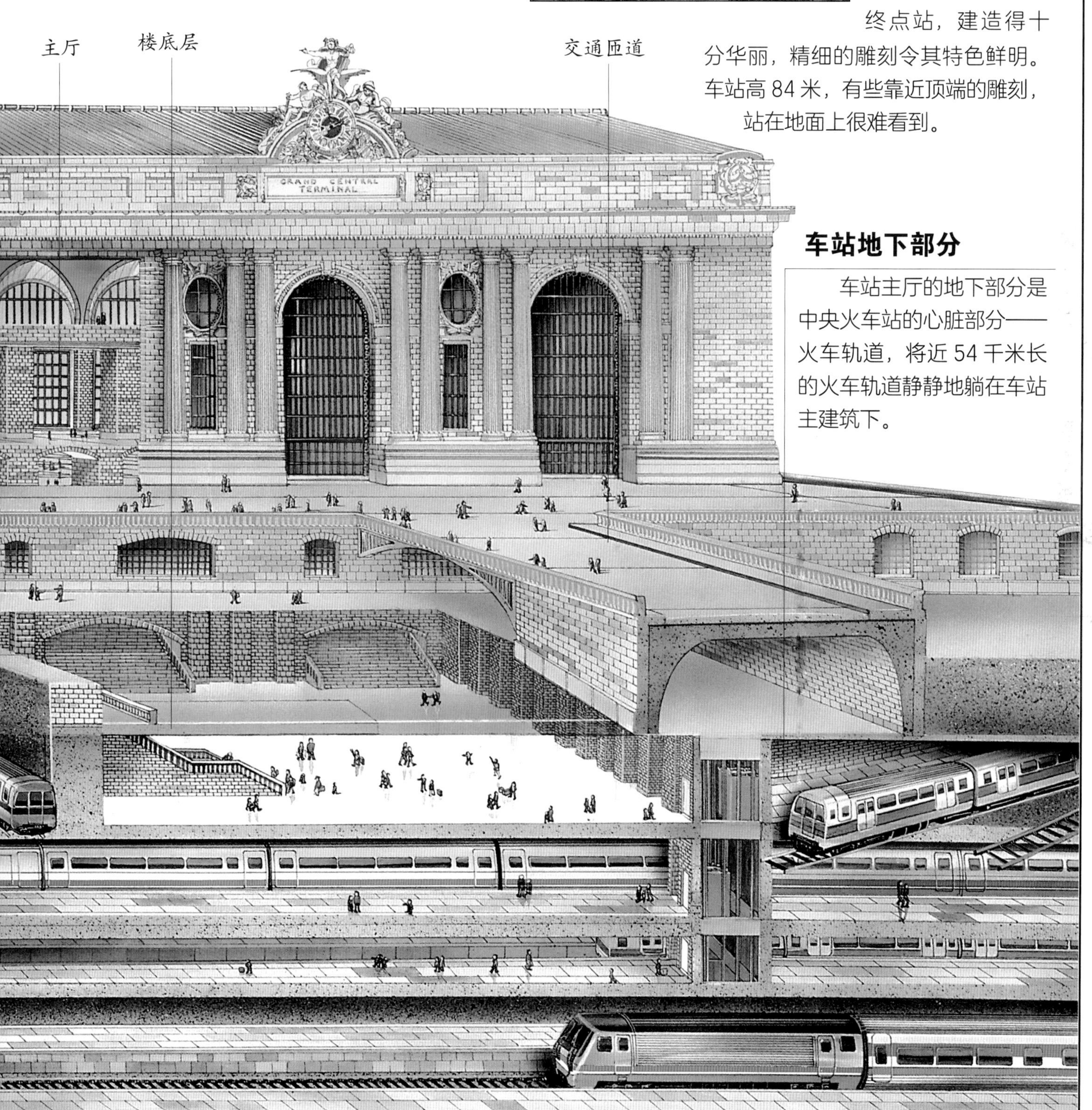

车站地下部分

车站主厅的地下部分是中央火车站的心脏部分——火车轨道，将近54千米长的火车轨道静静地躺在车站主建筑下。

来来去去

纽约爱丽丝岛

在旅行和贸易十分重要的当今世界，建造许多大型建筑以保证人类、货物和车辆能够快速方便地移动，是十分必要的。爱丽丝岛（见上图）位于纽约曼哈顿岛西南方向约 1.6 千米处，曾是美国最大的移民车站所在地。1892 年到 1943 年，美国出入境接待处设在纽约，穿过岛上的过境者有 1 700 万人次，这是一个令人震惊的数字。

渡轮终点站

使用“开上开下”式整体卸载渡轮，整体携带运货汽车和它所装的货物，比将货物卸载在轮船上要方便得多。英国的多佛渡轮港（见右图）是世界上最大的“开上开下”式整体卸载码头之一。在这里，运货车被装上轮船，踏上穿过英国海峡的短暂旅途。多佛港虽然不是海峡唯一一个最重要的渡轮港口，但仍是主要的旅客港口。

多佛渡轮港

大阪关西国际机场

车辆驶入区

接待区

鹿特丹港

鹿特丹港

荷兰的鹿特丹港曾是世界上最繁忙的港口，每年货物吞吐量约为 3 亿吨。

鹿特丹港本身的大部分区域和它的外港叫作欧罗伯特，进行的贸易与石油厂的货物有关。为使最大的油轮能够泊进港口，一道长约 27 千米、宽 1 220 米、深 22 米的沟渠被挖掘出来。沟渠正好从鹿特丹港延伸到北海。整个鹿特丹港占地约 100 平方千米，码头超过 120 千米长。

关西国际机场

关西国际机场于 1994 年投入使用，是工程学上的一项惊人成就。机场跑道和航空站坐落在大阪湾的一个人工岛上，距离日本海岸 5 千米。六航道的跑道，还有铁轨和高速轮船，连接起机场和陆地。翅膀形状的终点站（见下图）可延伸 1.6 千米，每年可接待将近 2 500 万旅客。

希思罗国际机场

国际机场

像伦敦市外的希思罗国际机场（见左图）这样的国际机场，最初建造仅在第二次世界大战之后，随后国际机场的出现如同雨后春笋。那段时间，世界上的机场在规模和复杂度上大幅增长。许多机场有了前卫建筑，例如洛杉矶国际机场的控制塔（见下图）。希思罗国际机场是英国乃至全世界最繁忙的国际机场之一，一年接待客流量约为 5 000 万。

洛杉矶国际机场控制塔

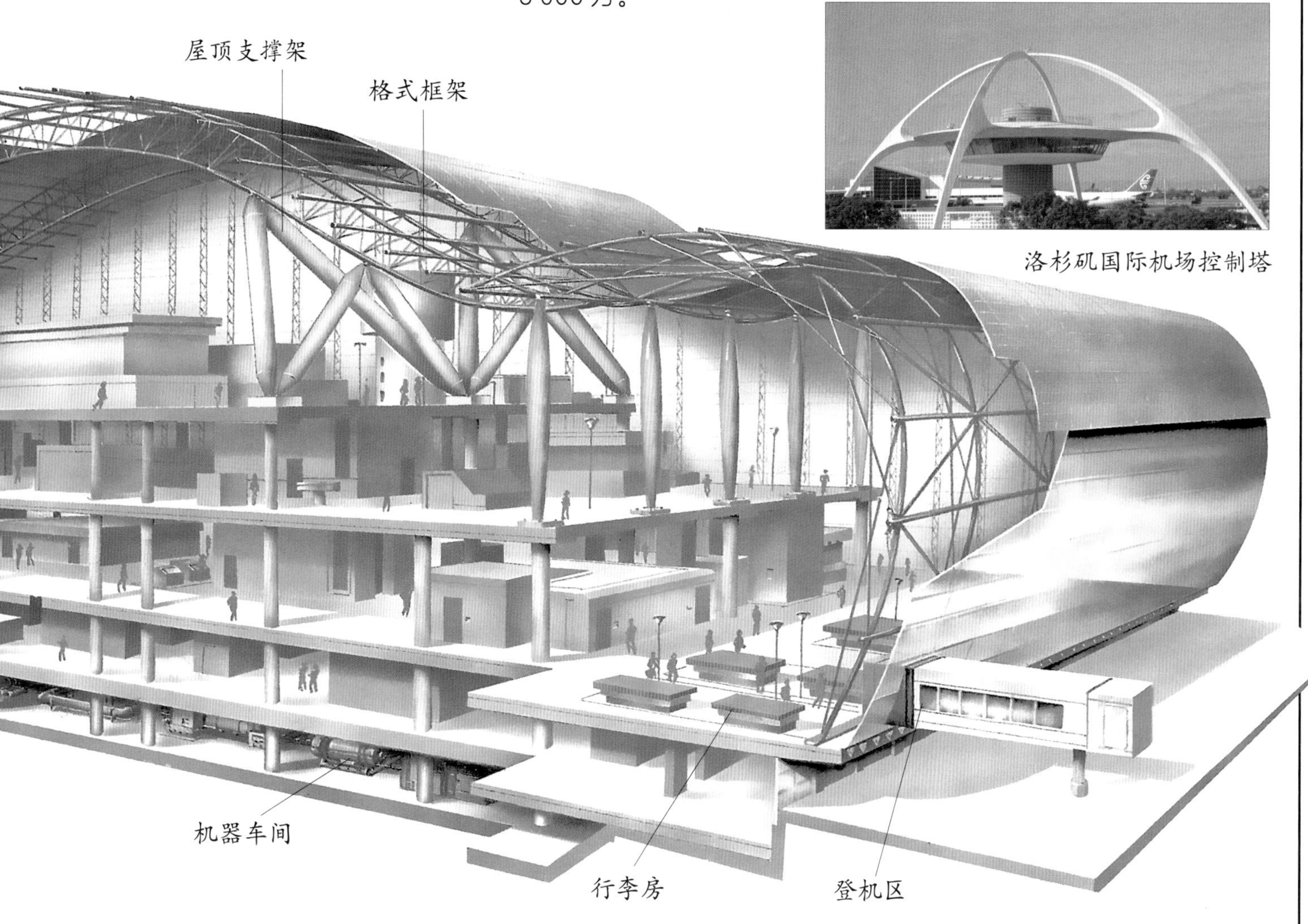

香港国际机场

香港国际机场（见右图）建造在赤鱲角，在 21 世纪初，每年的客流量甚至可以达到 5 000 万。这项工程经过了开山填海，如此两个小岛被夷为平地，一块 9 平方千米的土地从海中开垦出来。赤鱲角与香港之间的连接线路约有 34 千米长。这些连接包括地下隧道和著名的公路铁路两用悬浮大桥——青马大桥。

香港国际机场

威斯敏斯特宫

维多利亚塔

维多利亚塔位于威斯敏斯特宫西南面，塔高100多米，比圣斯蒂芬塔略高。维多利亚塔里存放着200多万份文件，包括从15世纪中期以来通过的所有法律文件的复印件。国会开会期间，白天时段塔顶飘扬着英国国旗。

克里姆林宫

莫斯科的克里姆林宫（见右图）的一部分是从12世纪开始建造的。它有约700个房间。克里姆林宫名义上是堡垒要塞，实际上是宫殿和教堂的集合，圣巴西尔大教堂也在这里。与克里姆林宫相连的红场南北长695米，东西宽130米。红场不远处就是政府大楼。

莫斯科克里姆林宫

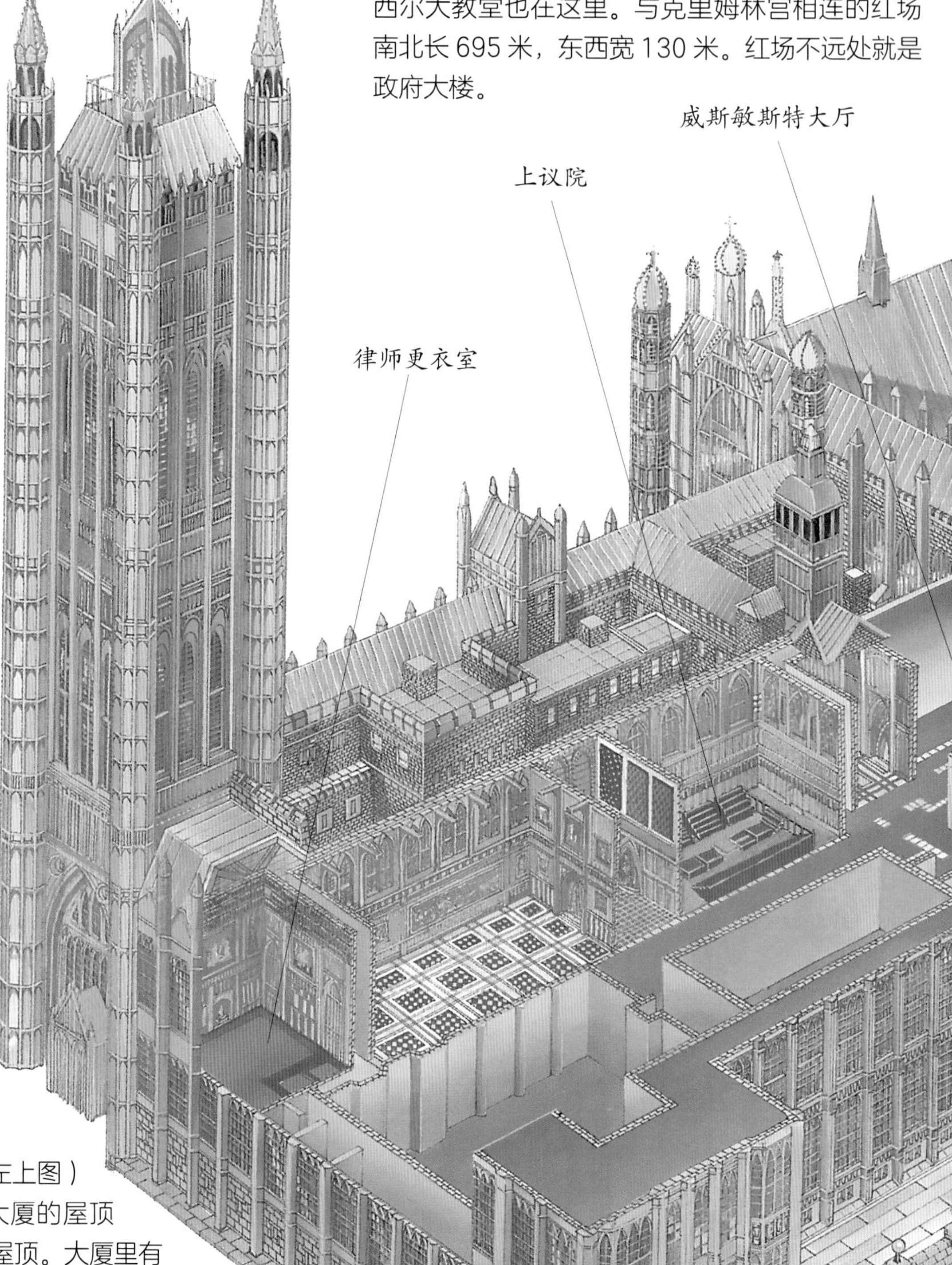

华盛顿国会大厦

国会大厦

华盛顿的国会大厦（见左上图）是美国国会召开的地方。大厦的屋顶是一个高约87米的铸铁圆屋顶。大厦里有540个房间。

政府建筑往往令人印象深刻，以反映它们在社会中的重要作用。它们大多华丽壮观，伦敦的威斯敏斯特宫（见下图）就是其中之一。尽管该宫殿的主要部分是在 19 世纪中叶建成的，其建筑风格却采用了中世纪时期的哥特式风格。宫殿的走廊累计长达 3 千米，有 1 100 个房间，其中包括下议院和上议院，以及议员办公室，另外还有几家餐馆和酒吧，一个体育馆，甚至还有一个射击场。

圣斯蒂芬塔

威斯敏斯特宫的东部尽头坐落着圣斯蒂芬塔（现名伊丽莎白塔），它有 100 米高，上面安放着 13 吨重的大本钟。钟四面的直径为 7 米，钟上数字高 0.6 米。若晚上召开国会时，灯光会从塔上倾泻而下。

下议院

茶露台

国会会议厅内部

国会的两个会议厅分别是下议院和上议院，国会由 659 名国会议员构成。下议院的议员席分成两部分，这样政府方和反对方可以隔着两条线面对面，中间两条线之间的距离有两把剑那样长。从前这样做，是为了防止议员们互相攻击。

伦敦威斯敏斯特宫

公共建筑

除了作为政府办公大楼，公共建筑还有许多其他的作用，比如作为银行、博物馆，甚至监狱。华盛顿西南方弗吉尼亚州阿灵顿的五角大楼（见下图），是美国国防部所在地，建成于1943年。五角大楼拥有28千米长的走廊、自己的购物区、一个可以停10 000辆车的公交车站和自己的直升机机场。

英格兰银行

1734年英格兰银行迁往针线大街后，大家给它起了个外号叫“针线大街上的老妇人”。目前见到的银行大楼是1828年竣工的，这是在建筑师约翰·索恩爵士的监管下，经过大量重建完成的。现在，英格兰银行（见右图）占地12 000平方米。在历史上，这座大楼曾是英国中央银行所在地，负责为战争集资，发行银行票据和设定利率。

英格兰银行

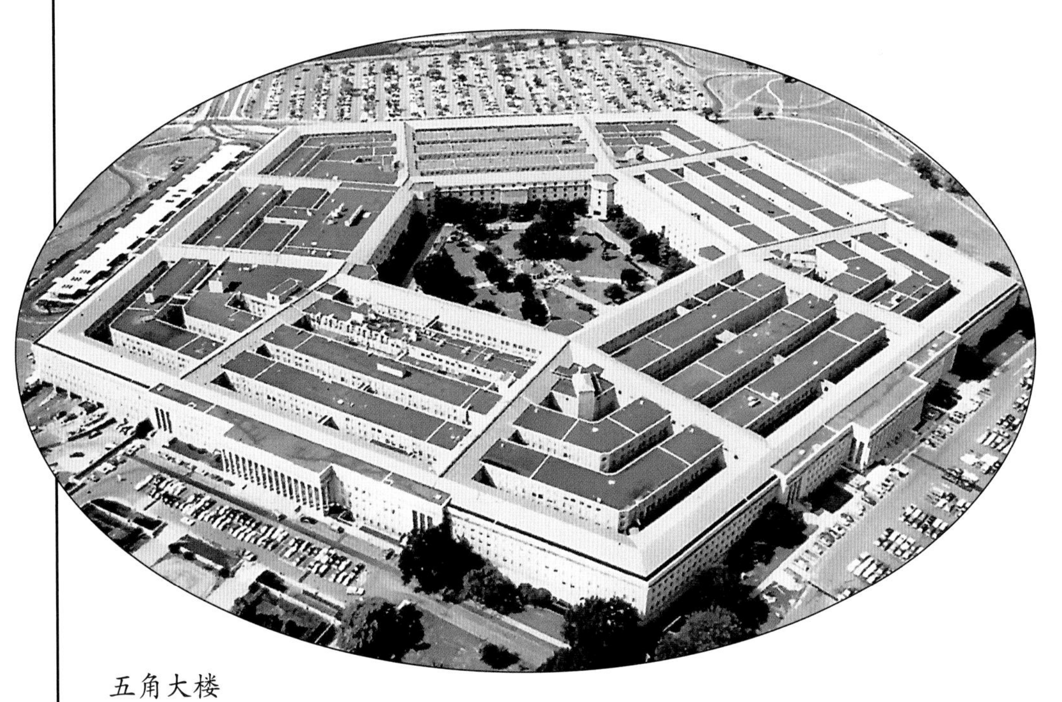

五角大楼

恶魔岛

恶魔岛（见下图）距旧金山湾2千米。1934年到1963年，恶魔岛是一个监狱，关押着美国最危险的犯人。岛上用作监狱的建筑可以容纳约450名囚犯，但这座监狱一般只关押约250个犯人。目前，恶魔岛监狱已被弃用，整座岛成为一个著名的旅游景点。

恶魔岛

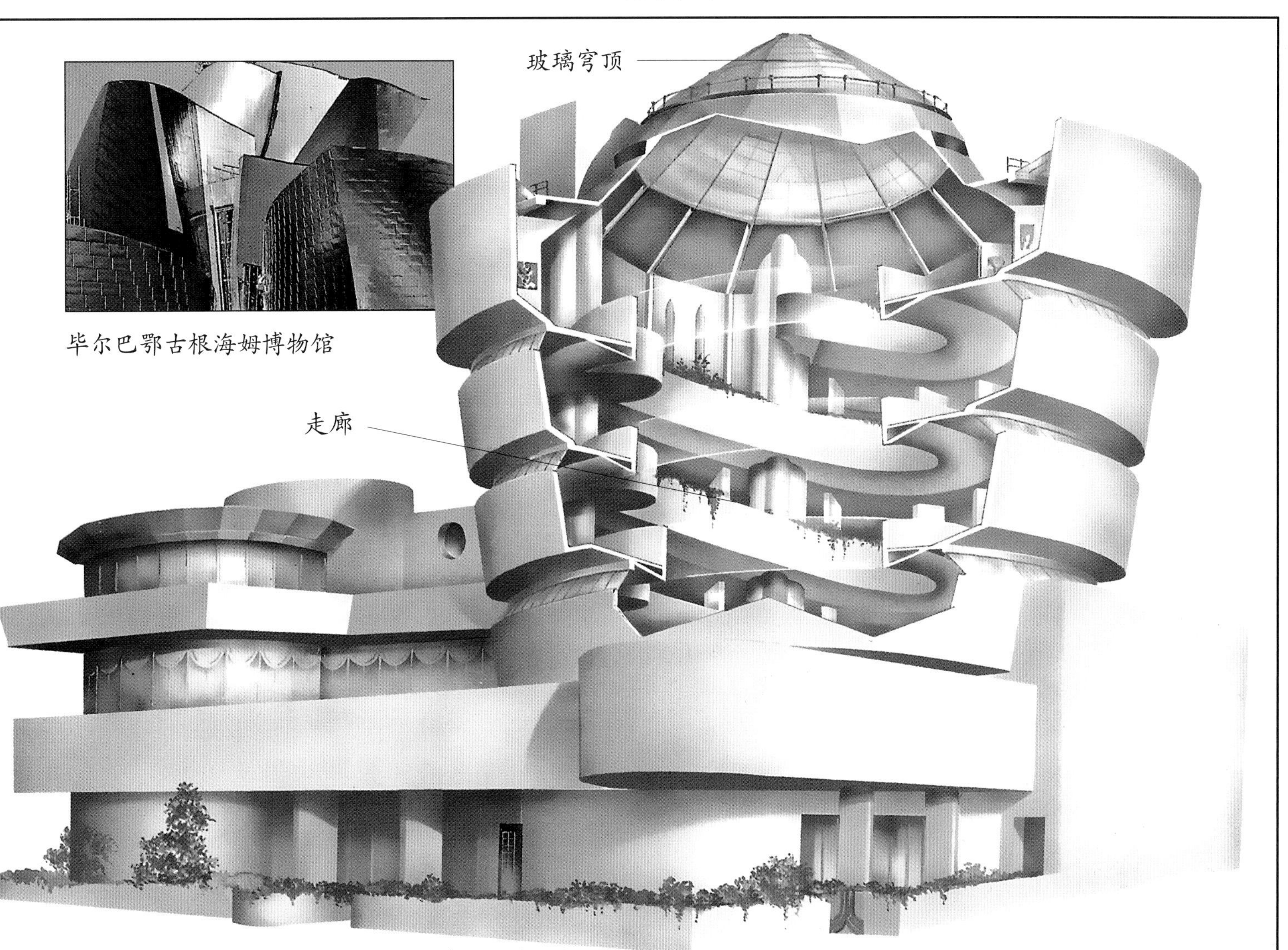

毕尔巴鄂古根海姆博物馆

纽约古根海姆博物馆（示意图）

卢浮宫

卢浮宫以前是法国皇家宫院，法国大革命后，1793 年卢浮宫作为博物馆对外开放。自此之后，卢浮宫不断扩建，如今画廊已超过 13 千米。画廊里摆放着许多著名的艺术作品，包括《蒙娜丽莎的微笑》等。扩建直到现在依然在进行，1989 年博物馆入口处建造了一座玻璃金字塔。

巴黎卢浮宫

古根海姆博物馆

纽约的古根海姆博物馆（见上图）是由建筑师弗兰克·劳埃德·赖特设计的，于 1959 年建造完成，馆内收藏了很多现代画作。游客可乘电梯到达顶部，然后沿着一个斜坡盘旋而下。西班牙毕尔巴鄂也有一栋古根海姆博物馆（见顶图）。这栋建筑有一个闪闪发光的金属屋顶，由建筑师弗兰克·盖里设计。

英国国家图书馆

伦敦新的英国国家图书馆（见右图）占地 30 000 平方米，书架区有将近 340 千米。一大半的书架区——约 240 千米，是在宽敞的四层地下室区域。图书馆藏品总共约有 1.5 亿件，其中书籍有 1 200 万册。

英国国家图书馆

直上云霄

当土地价格和人们对住所的需求都直线上升时，唯一的解决办法就是将建筑建造得更高。1885 年建造于芝加哥商业区的家庭保险公司大楼，是公认的世界上第一座摩天大楼。这栋大楼之所以能建那么高，是因为它稳固的铁梁框架支撑住了大楼的全部重量。建造者发现他们可以将楼建造得更高后，楼层的高度开始直冲云霄。20 世纪的前 50 年见证了最高楼的高度从约 90 米，变成了 381 米。这段时期也见证了许多对于摩天大楼的发展十分重要的革新，包括高速电梯更快更容易地带人们到达一座摩天大楼的各个楼层，以及用空调来保持室内温度。目前的世界最高建筑是位于阿联酋迪拜的哈利法塔，高 828 米。

摩天大楼的内部

置身云层

环境最好的时候，离地几百米高空作业也是危险的。但在建造摩天大楼的早期，工人们需在不戴安全帽、没有安全背带的情况下，顺着大楼的钢架向上攀爬，他们很少考虑从高处坠落的危险。

帝国大厦上的建筑工人

帝国大厦

帝国大厦建成于 1931 年，是当时世界上最高的建筑，并保持此纪录达 40 多年。现在，这座大厦里有 850 家公司，有将近 15 000 人在此工作。登上大楼的顶层可以选择乘坐 73 部电梯中的任何一部，这些电梯总行程达 11 千米。当然也可以选择步行，攀爬让人喘不过气的 1 860 级楼梯。

纽约克莱斯勒大厦，高 319 米

纽约伍尔沃思大厦，高 241 米

纽约帝国大厦，高 381 米

吉萨胡夫金字塔，原高 146 米

纽约熨斗大厦，高 87 米

20 世纪末的高楼

帝国大厦的建成标志着摩天大楼的建造到了一定的极限。以当时的科技，更高的大楼会因太过沉重而无法建造，而且也无法承受相关的压力，比如强风带来的摇晃。自那时开始，人们开始致力于改进建筑设计和建筑材料，因此更高建筑出现了，比如芝加哥的希尔斯大厦、吉隆坡石油双塔（见下图）。

东京千年塔

东京千年塔（见左图）预计建成后高度为 840 米，几乎是希尔斯大厦高度的两倍。它的圆锥体设计将会帮助它抵抗风压，轻质框架的采用也可以减少塔的压力。千年塔将会成为一座空中城市，包含有住宅、商店、电影院、食品大厅，甚至花园。目前，世界上正在建造中的最高建筑为沙特阿拉伯的王国大厦，建成后预计将超过 1 000 米高。

原纽约世界贸易中心，高 417 米（2001 年遭撞击后倒塌）

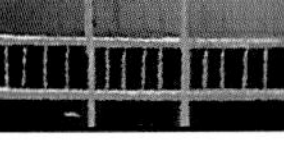

芝加哥希尔斯大厦，高 443 米

吉隆坡石油双塔，高 452 米

生物圈 2 号近景

坐落在美国亚利桑那州图森市以北沙漠中的是一个名叫生物圈 2 号的巨大温室建筑。这个前卫的建筑体系是用来测试在一个密封的系统中，人类能否以及如何生活和工作；同时也探索人类在去往其他星球的长途太空任务中该怎样存活。在这个庞大建筑内部密封的玻璃房里创设了许多和外界不同的环境条件。进驻实验的科研人员将进入这些密封的环境中生活很长一段时间，测试他们是否能够在这个包含有几千种动、植物的人造环境中生存下去。

生物圈 2 号

会呼吸的建筑

为了防止在太阳的加热下，生物圈 2 号内部因空气膨胀而导致建筑炸裂，设计师们建造了一个特殊的“肺”——当气压变化时，这个装置可以扩张和压缩，以平衡生物圈 2 号内部的压强。

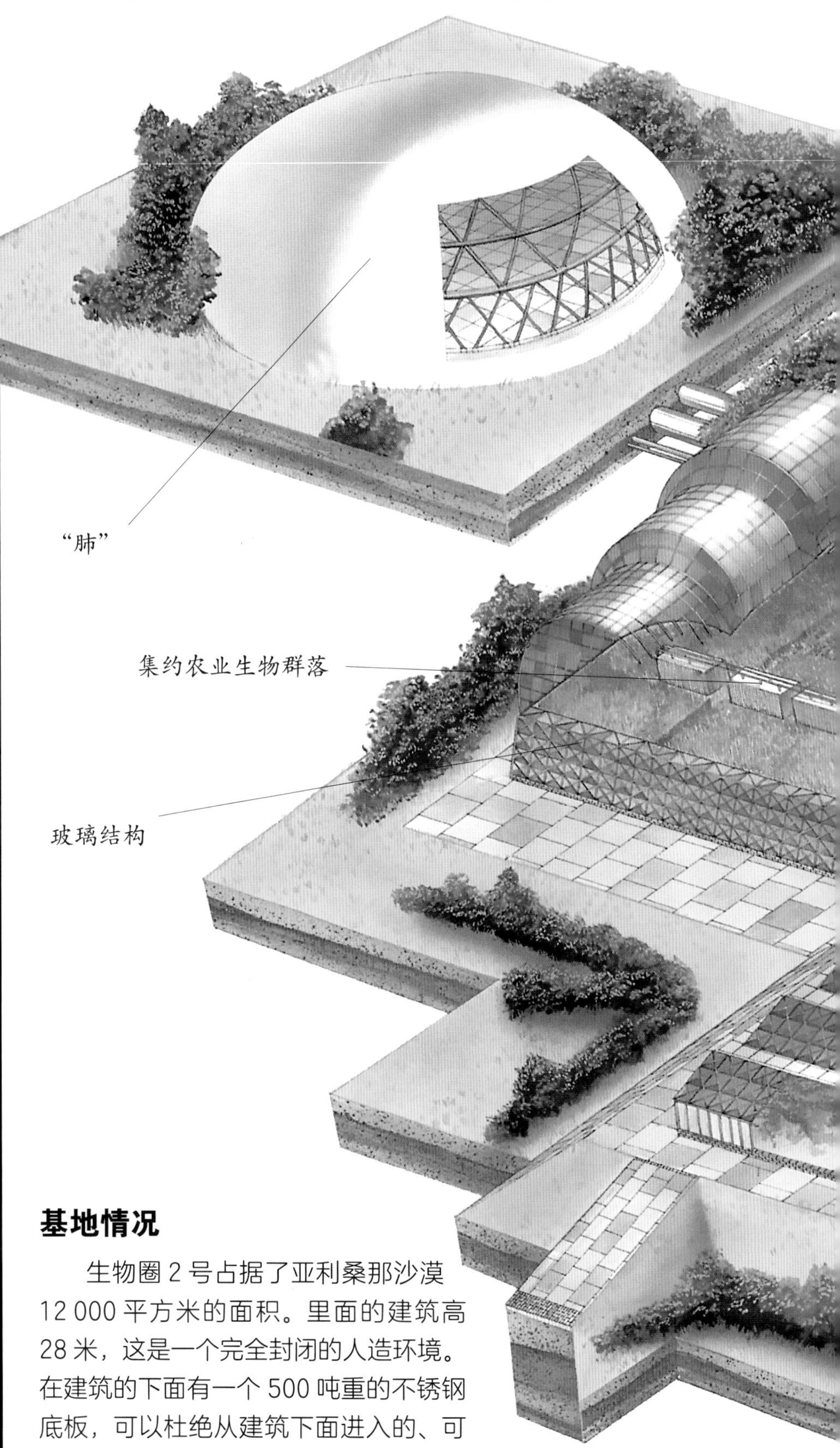

基地情况

生物圈 2 号占据了亚利桑那沙漠 12 000 平方米的面积。里面的建筑高 28 米，这是一个完全封闭的人造环境。在建筑的下面有一个 500 吨重的不锈钢底板，可以杜绝从建筑下面进入的、可能“污染”实验结果的任何事物。

生物圈2号

生物圈2号内部

玻璃建筑的下面是人类的生活区域和几种不同类型的环境或者说是生物群落。集约农业生物群落为居民供应食物。其他的生物群落有热带雨林、荆棘灌木林、大草原、沙漠、沼泽和海洋。

人类居住区

热带雨林生物群落

海洋生物群落

荆棘灌木林
生物群落

沼泽生物群落

沙漠生物群落

海洋生物群落

试验过程

生物圈2号内部有两组试验人群。第一组从1991年开始，维持两年；第二组从1994年开始，仅维持7个月。他们监测不同的生态环境，并种植他们生存所需的食物。在这两组试验里，他们注意到有将近三分之一的动、植物物种灭亡了。

未来的建筑

未来的建筑师和建造者们将面临各种不同的难题：空间将会非常短缺；全球住房危机需要解决；建筑物自身也需要更加具有效能，以保护地球逐渐减少的自然资源。东京的富谷2号大楼（见右图），设计原理是能够在能源上自给自足。建筑的外部形状可以加大周围风速，促使涡轮机旋转产生能量。这座三脚绿色大楼（见左图）通过从主楼的下面吸收新鲜空气，从屋顶排出废气，来使自身保持通风。

富谷2号大楼（示意图）

太空中的建筑

解决土地短缺的方式之一是完全地离开地球。20世纪60年代，沿轨道运行的空间站开始使用，比如俄罗斯的和平号空间站。

国际空间站（见左图）也成为一个可居住的太空之家，也许这里可以成为去往其他星球的起点。

许多公司也提出在其他星球建造永久基地的建议，比如在月球和火星。

国际空间站

悬浮城市

许多现代城市建造在海岸上，这些地方可延伸空间极小。能解决的方式就是填海造陆，甚至建造一座悬浮城市（见上图）。填造的陆地可以提供广阔的绿地，延伸城市空间。

地下城市

为了解决空间问题，建筑师们除了将建筑往空中制造，还将目光移向了我们的脚下。一座地下城市（见上图）能够抵抗天气的变化，甚至形成自己的气候。外界的空气通过过滤净化，为居民提供一个无污染的生活环境。

冲天而上

许多解决方案被提出，计划用于建造比东京千年塔（见第 31 页）还高的建筑。X-Seed4000 摩天巨塔就是这些建筑之一，它（见右图）由大成建筑公司设计，将有约 4 000 米高。

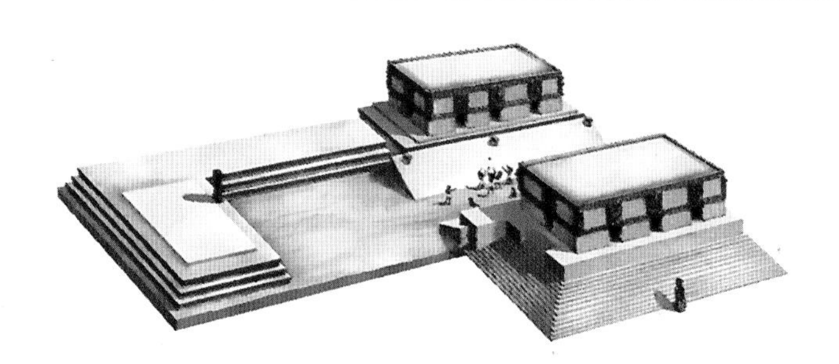

词汇表

兵营
用作士兵居住的一栋或一群建筑。

城堡主楼
一座石质或木质的塔，是中世纪城堡里的防御核心。

长方形基督教堂
一种通常由长方形大厅构成的宗教建筑，在建筑的一端会有一个半圆形的壁龛。

地基
一座建筑的基础，通常陷入地下，用来防止建筑下沉。

哥特式建筑
一种 12 世纪到 16 世纪期间的建筑风格，明显特征是高耸尖锐的拱顶和华丽的装饰。

教堂地下室
教堂地面下的内室，里面多为坟墓。

教堂十字形翼
教堂的翼状部分，与教堂正厅成直角。

教堂正厅
是教堂的主要部分。依教堂的轮廓绘制十字交叉线，交叉线形成的中心偏西的位置，就是教堂正厅通常所在处。

金字塔
一种正方形基座，四面为三角形的建筑。包括古埃及在内的许多文明，都建造过这种形式的建筑。

摩天大楼
一种非常高，有很多楼层的大楼。

水坝
用来阻碍水流的一面墙或一道堤。水坝可由混凝土或泥土做成，大多都带有能通过水流产生电能的涡轮机。

神庙
表达人们崇敬之情的建筑或场所，这里通常被认为是神的住所。

引水渠
一种能使大量水穿过桥顶山谷的人造渠道或管道。

圆屋顶
建筑顶端的半球形部分。

圆形露天竞技场
指一座由成排的座椅围绕着一个椭圆形开放竞技场的建筑。罗马时代，在这里举行包括战斗和格斗在内的竞技场游戏和比赛。

总教堂
一片地区或教区内主要的基督教堂。总教堂内部有主教的宝座。

装饰层
覆盖在建筑墙壁表面的“墙衣”。

砖石工程
一座建筑里的砖石建造部分。

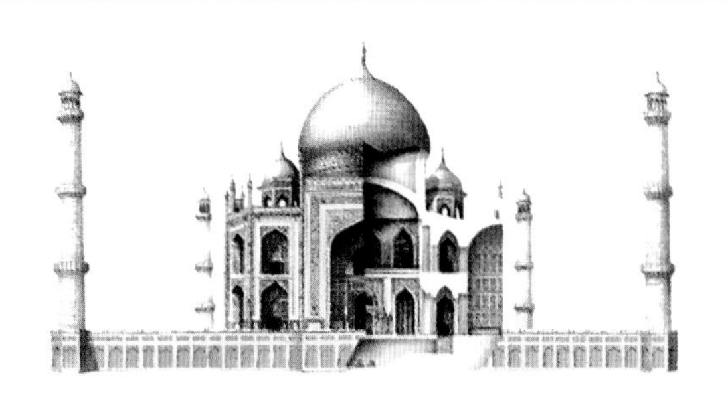

年表

公元前2650年 第一座埃及金字塔建造。是为生活在公元前2668年到公元前2649年的埃及国王左塞尔建造的。

公元前2580年 基奥普斯大金字塔完成，在4000年里都一直是世界最高的建筑。

公元前300年 中国开始建造长城，它至今仍是人类建造的最长的建筑。

公元82年 国王多米提安下令建造的罗马角斗场完成。

公元532年 国王查士丁尼一世开始在君士坦丁堡（今为伊斯坦布尔）建造圣索菲亚大教堂。

1142年 十字军骑士进入叙利亚骑士堡。

1238年 摩尔人首领开始在西班牙南部建造阿尔罕布拉宫。

1271年 苏丹拜巴尔一世使骑士堡占有者投降。

1358年 阿尔罕布拉宫建造完成。

1453年 君士坦丁堡落入奥斯曼土耳其人手中，圣索菲亚大教堂转变成土耳其清真寺。

1526年 西班牙查理五世将阿尔罕布拉宫多处重建。

1609年 日本藩主池田辉政将日本姬路城扩建。

1631年 皇帝沙迦汗开始建造泰姬陵，以安置他死去妻子的遗体。

1654年 泰姬陵建成。

1660年 凡尔赛宫开始建造，这项工程持续了一百年。

1710年 伦敦的圣保罗大教堂竣工。

1850年 法国传教士夏尔·艾米尔·布意孚神父在柬埔寨丛林，偶然发现吴哥古城的遗迹。

1862年 查尔斯·加尼叶设计的巴黎歌剧院开始建造。

1869年 路德维希二世开始在一座石崖上建造他的童话城堡天鹅堡。

1870年 新的威斯敏斯特宫建造完成，旧的宫殿于1834年毁于一场大火中。

1885年 10层的家庭保险大楼在芝加哥竣工，它是当时世界上第一栋摩天大楼。

1886年 自由女神像运往纽约，并竖立在如今所在的位置。

1889年 巴黎埃菲尔铁塔完工。

1913年 纽约伍尔沃思大厦建成，成为当时世界上最高的建筑。

1930年 纽约克莱斯勒大厦建成。

1931年 纽约帝国大厦建成，成为当时世界上最高的建筑。

1934年 圣索菲亚大教堂被去除宗教意义，成为一座博物馆。

1936年 伦敦水晶宫毁于大火。

1959年 纽约古根海姆博物馆建成。

1972年 纽约金融区双子塔建成。

1973年 悉尼歌剧院对外开放。

1974年 芝加哥希尔斯大厦完成。这座大厦耗费四年时间建造，是当时世界最高建筑，并成功成为世界贸易中心。

1989年 多伦多天穹运动场建成，是多伦多蓝鸟棒球队所在地。

1991年 8个人被密封入生物圈2号，在那里面生活了两年。

1997年 马来西亚吉隆坡石油双塔建成，成为世界上最高的建筑。

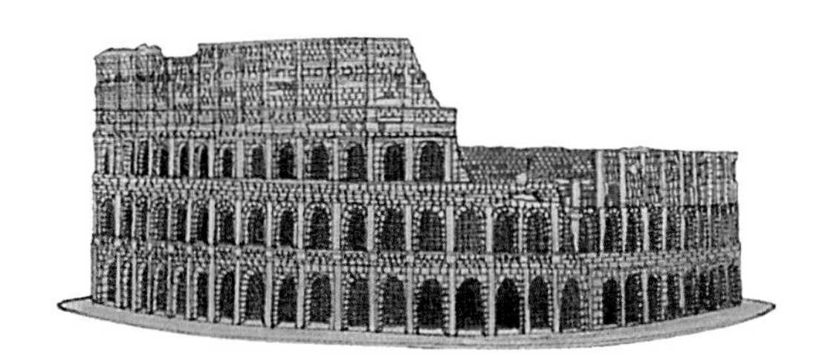

图书在版编目（CIP）数据

超级建筑 /（英）乔恩・柯克伍德著；（英）亚历克斯・庞绘；白泽译. -- 成都：四川科学技术出版社，2019.1

（巨眼透视手绘图集）

ISBN 978-7-5364-9346-9

Ⅰ. ①超… Ⅱ. ①乔… ②亚… ③白… Ⅲ. ①建筑－世界－少儿读物 Ⅳ. ① TU-49

中国版本图书馆 CIP 数据核字 (2019) 第 015242 号

著作权合同登记图进字 21-2018-725-730 号

超级建筑

CHAOJI JIANZHU

出 品 人　钱丹凝
著　　者　［英］乔恩・柯克伍德
绘　　者　［英］亚历克斯・庞
译　　者　白　泽
责任编辑　周美池　李　珉
特约编辑　王冠中　米　琳　李文珂　郭　燕　王　杰
装帧设计　刘　朋　孙　庚　程　志　耿　雯　石亚娜
责任出版　欧晓春
出版发行　四川科学技术出版社
　　　　　成都市槐树街 2 号 邮政编码：610031
　　　　　官方微博：http://weibo.com/sckjcbs
　　　　　官方微信公众号：sckjcbs
　　　　　传真：028-87734037
成品尺寸　225mm × 305mm
印　　张　5
字　　数　75 千
印　　刷　朗翔印刷（天津）有限公司
版次 / 印次　2019 年 2 月第 1 版 /2019 年 2 月第 1 次印刷
定　　价　48.00 元

ISBN 978-7-5364-9346-9

本社发行部邮购组地址：四川省成都市槐树街 2 号
电话：028-87734035 邮政编码：610031

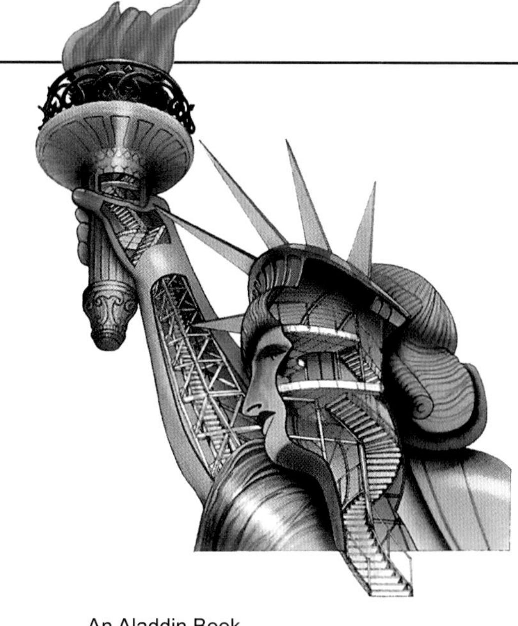

An Aladdin Book
Designed and directed by Aladdin Books Ltd
14 Deodar Road
London SW15 2NN
England

图片来源：

缩写：t-上，m-中，b-下，r-右，l-左

2b，5br，15全，19br，20全，24bl，28m，29t，29bl，30m，32bl，33tr，33m，35全：Frank Spooner Pictures；3t：Novosti Picture Library；8b，9m，11tl，12tl，18全，20m：Spectrum Colour Library；4m，4b，14tl，16tr，30tr：Mary Evans Picture Library；5br：Mary Evans Picture Library；12b，17m，22bl：James Davis Travel Photography；19t：CEGB；20t：Solution Pictures；29br：Paul Nightingale；33tr，33br：Science Photo Library；34b，封底彩页：NASA；3bl，5bl，6tr，6tl，7br，8m，8tr，9br，11tr，11br，12tr，12m，13tr，14bl，17br，21bl，22全，23tr，24tl，25tm，25tr，25br，26tr，27br，28br，32tl：图虫创意。

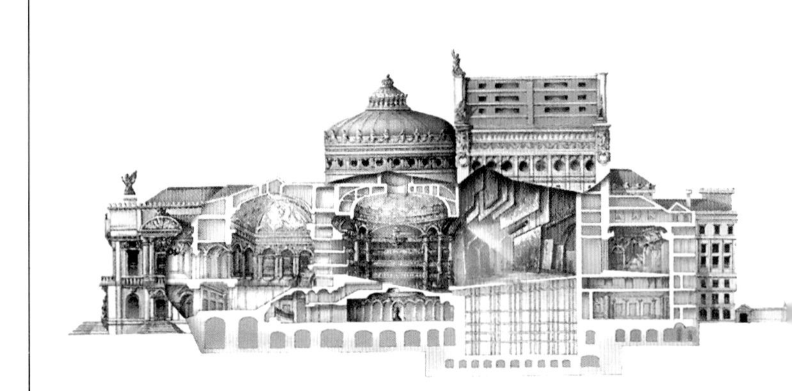